AF325070

MÉMOIRE

SUR

LES ROUES HYDRAULIQUES VERTICALES

A AUBES COURBES, MUES PAR-DESSOUS,

SUIVI

D'EXPÉRIENCES SUR LES EFFETS MÉCANIQUES DE CES ROUES;

PAR M. PONCELET,

CAPITAINE AU CORPS ROYAL DU GÉNIE.

A PARIS.

Chez { Madame HUZARD, Libraire, rue de l'Éperon, N°. 7;
BACHELIER, Libraire, quai des Augustins, N°. 55.

1825.

(Extrait du *Bulletin de la Société d'Encouragement*, N^{os}. CCLVII et
CCLVIII. 24ᵉ. année. Cahiers de Novembre et Décembre 1825.

IMPRIMERIE DE MADAME HUZARD (née VALLAT LA CHAPELLE),
RUE DE L'ÉPERON SAINT-ANDRÉ-DES-ARTS, Nᵒ. 7.

MÉMOIRE

SUR

LES ROUES HYDRAULIQUES VERTICALES

A AUBES COURBES, MUES PAR-DESSOUS,

SUIVI

D'EXPÉRIENCES SUR LES EFFETS MÉCANIQUES DE CES ROUES (1).

Considérations préliminaires.

Les roues hydrauliques jusqu'à présent le plus généralement en usage sont les roues verticales dites *en dessus* ou *à augets*, et les roues *à aubes* qui sont frappées en dessous. Les unes et les autres ont la propriété de n'exiger que peu d'emplacement, d'être faciles à surveiller et à réparer, enfin de transmettre immédiatement le mouvement dans un plan vertical, ainsi que l'exige le plus grand nombre des mécanismes usités dans les arts.

Quant aux roues horizontales imaginées ou perfectionnées en dernier lieu, telles que la *danaïde*, la roue *à force centrifuge, à réaction*, et toutes celles à aubes courbes qu'un ingénieur, M. *Burdin*, a désignées sous l'expression générale de *turbines*, elles paraissent convenir plus particulièrement aux établissemens qui exigent un mouvement de rotation direct dans le plan horizontal, avec une grande vitesse, comme sont, par exemple, les moulins à farine et autres. Les difficultés que présentent la construction

---

(1) Extrait du *Bulletin* de la Société d'Encouragement pour l'industrie nationale, N°. CCLVII, vingt-quatrième année, novembre 1825.

L'Académie royale des Sciences a décerné à l'auteur de ce mémoire le prix de mécanique fondé par M. *de Montyon*, et consistant en une médaille d'or de la valeur de 1000 francs.

1

et l'entretien de ces roues, la grandeur de l'emplacement qu'elles nécessitent dans le sens horizontal, emplacement infiniment plus coûteux que
celui qui peut se prendre sur la hauteur des établissemens, restreignent
beaucoup leur emploi, indépendamment de ce que la pratique n'est point
encore suffisamment éclairée sur la quantité d'*action* ou d'*effet* qu'elles
peuvent transmettre. A la vérité, la théorie assigne pour limite au *maximum* de l'effet de ces roues une quantité d'action égale à celle que possède
le moteur ; mais vu l'incertitude des données sur lesquelles se fonde le problème, il n'est guère possible de douter que cet effet ne soit inférieur à
celui des roues à augets ou en dessus bien réglées et bien construites.

Ce sont probablement ces diverses raisons qui font qu'on s'en est tenu
jusqu'à présent aux roues verticales dont j'ai parlé plus haut, et qu'on a
cherché continuellement à les perfectionner et à en étudier les effets ; c'est
même à cet esprit de perfectionnement que l'on doit les roues verticales
dites *de côté*, introduites depuis quelques années dans les usines, et qui
diffèrent des roues à aubes et à augets, en ce que l'eau se meut dans
un coursier courbe embrassant une partie de la roue, et n'y est reçue qu'en
un point intermédiaire entre le sommet et l'extrémité inférieure.

Les avantages des roues de côté consistent essentiellement en ce que,
d'une part, l'eau y agit par pression comme dans les roues à augets, en
produisant, par conséquent, un meilleur effet que dans les roues à aubes
mues par le choc ; et de l'autre, en ce qu'elles sont susceptibles d'utiliser, comme celles-ci, la plus petite chute d'eau ; ce que ne font pas
les roues en dessus, dont l'emploi est presque uniquement borné aux
chutes qui, dépassant 2 et 3 mètres, fournissent une trop grande abondance
d'eau.

D'ailleurs les roues à aubes ordinaires ont pour elles l'avantage d'être
d'une grande simplicité, de pouvoir s'appliquer par-tout, et principalement d'être susceptibles de se mouvoir avec une grande vitesse sans s'é-
carter du *maximum* d'effet qui leur est propre ; ce qui ne saurait avoir
lieu pour les autres sans leur faire perdre la propriété qu'elles ont d'éco-
nomiser une plus grande portion de la force motrice.

La condition d'une vitesse assez grande, par exemple, d'une vitesse qui
surpasse 2 et 3 mètres, est fondée, 1°. sur ce que les roues qui en sont
animées et les diverses autres pièces du mécanisme forment alors *volans*
ou sont douées d'une quantité de force vive capable de maintenir l'uniformité du mouvement du système, malgré les secousses, les changemens
brusques de vitesse de certaines pièces et les variations périodiques des
efforts de la résistance ; 2°. sur ce que les *opérateurs* ou pièces travaillantes

des machines, exigeant presque toujours une vitesse assez considérable pour la production d'un bon effet industriel, l'on serait obligé de placer entre la résistance et la puissance des engrenages plus ou moins multipliés, pour obtenir cette vitesse finale, si la roue motrice marchait lentement ; de sorte qu'outre l'augmentation de dépense, il en résulterait un surcroît de résistances passives, ainsi que des embarras et des difficultés souvent insurmontables dans certaines localités.

Aussi arrive-t-il que l'on voit rarement des roues à augets se mouvoir avec une vitesse moindre d'un mètre par seconde ; presque toujours, au contraire, on leur donne une vitesse qui surpasse 2 mètres, sans que pour cela on soit en droit de taxer d'ignorance les constructeurs qui les ont établies; car les chutes d'eau ayant alors au moins 3 mètres, ces roues produisent un effet qui est encore supérieur à celui de roues en dessous les mieux réglées. Quant aux roues de côté, on sait qu'à cause du jeu dans le coursier et de la vitesse avec laquelle l'eau tend à s'échapper, on ne leur fait jamais parcourir moins de 2 à 3 mètres par seconde ; ce qui absorbe en grande partie les avantages qu'elles offrent sur les roues à aubes ordinaires, lorsque la chute est petite, par exemple, au-dessous de 2 mètres.

Ces diverses circonstances font que les roues à aubes ordinaires, mues par-dessous, malgré leur défaut bien reconnu de ne donner qu'une faible portion de la force qu'on leur confie, continuent à être employées dans la pratique, sur-tout dans les pays de plaine, où les pentes sont naturellement très-faibles et les masses d'eau considérables, et où par conséquent on ne pourrait se procurer de chutes au-dessus de 2 mètres, sans des constructions préparatoires extrêmement coûteuses et souvent impraticables. A moins donc d'être exclusif et de vouloir rejeter entièrement les lumières de la pratique, si intéressée par elle-même à utiliser de la meilleure manière possible les forces de la nature, on est obligé de reconnaître que les roues en dessous sont, dans une foule de circonstances, les seules que l'on puisse employer avec succès et économie.

Les avantages des roues qui sont mues par-dessous étant ainsi bien constatés, et ces roues donnant au plus, excepté pour les très-petites chutes, le tiers de la quantité d'action qu'on leur confie, et souvent même par la disposition des vannes et des coursiers, ne rendant que le quart ou le cinquième de cette quantité, on doit regarder comme des recherches très-utiles celles qui ont été entreprises par divers savans, notamment *Parent, Deparcieux, Smeaton, Borda, Bossut,* le chevalier *Morosi, etc.*, dans la vue, soit d'en éclairer la théorie, soit d'y apporter des perfectionnemens ou des changemens utiles dans la construction.

1.

Ces perfectionnemens, comme on le sait, consistent principalement : 1°. à donner aux roues au moins vingt-quatre aubes ou palettes ; 2°. à incliner ces aubes d'un angle de 15 à 30° sur les divers rayons ; 3°. à faire plonger au plus ces aubes dans l'eau du quart ou du tiers de leur hauteur ; 4°. enfin, à placer sur chacune de leurs extrémités verticales des rebords ou liteaux d'environ 2 à 3 pouces de saillie.

Quelques auteurs ont aussi proposé d'employer des aubes légèrement concaves dans le sens transversal ; d'autres ont donné aux roues en dessous la forme des roues à augets, en brisant les aubes. *Fabre* a prescrit de pratiquer un seuil et un élargissement au coursier sous l'axe de la roue, afin de faciliter le dégagement de l'eau et d'augmenter son action impulsive ; enfin, depuis quelque temps, on a proposé de donner aux parois du pertuis la forme de la veine fluide, et d'incliner le vannage le plus possible sous la roue, afin de diminuer la longueur de coursier que parcourt l'eau, et par suite la perte de vitesse qu'elle éprouve de la part de ses parois ; mais ces différens moyens, sauf le dernier et celui qui a été proposé par *Morosi*, n'ont jamais conduit à des augmentations d'effet bien sensibles pour la pratique : quant à ceux-ci, il est facile de les apprécier et d'assigner la limite de leur utilité respective.

Et d'abord, on voit que l'effet le plus avantageux que l'on puisse obtenir en inclinant le vannage et donnant aux parois du pertuis la forme de la veine fluide, c'est que la vitesse de l'eau soit sensiblement la même au sortir du réservoir et à l'endroit de la roue, de façon que sa force vive ou la quantité d'action de la chute ne soit pas altérée : dans cet état de choses, la quantité d'action transmise par la roue à aubes, au lieu de n'être que le $\frac{1}{4}$ ou le $\frac{1}{3}$ de celle de la chute, en sera, comme on sait, les $\frac{3}{10}$; ce qui est sans doute une grande augmentation d'effet. En second lieu, il résulte des expériences directes de M. *Christian* (*Mécanique industrielle*, tome I, page 270 et suiv.), que l'augmentation de pression, due aux rebords latéraux de *Morosi*, ne s'élève guère qu'à un ou deux dixièmes de la pression exercée sur les aubes ordinaires, du moins lorsque ces aubes sont immobiles et renfermées dans un coursier ; il est même douteux que l'augmentation aille jusque-là pour des roues bien construites et qui ont peu de jeu dans le coursier, sur-tout quand, au lieu de les supposer immobiles, on les considère en mouvement.

Ce serait donc beaucoup accorder que d'admettre que les rebords du chevalier *Morosi* puissent augmenter la quantité d'action *maximum* des roues à aubes des 0,2 de sa valeur, et comme cette dernière est moindre que les 0,3 de la quantité d'action totale possédée par l'eau au sortir du pertuis, on voit que l'effet des rebords sera de faire produire aux roues tout au plus les 0,36 de cette quantité (1).

Maintenant si, au lieu de comparer l'action transmise à celle que possède effectivement l'eau au sortir du pertuis, on la comparait à celle qui est due à la chute totale de l'eau, depuis son niveau dans le réservoir jusqu'à l'extrémité inférieure de la roue, quantité d'action qui est véritablement celle que l'on considère dans la pratique, on trouverait que, presque toujours, elle en est au plus les 0,32 ou 0,33.

Dans cet état d'imperfection des roues verticales mues par-dessous, et d'après les avantages bien connus qui leur appartiennent d'ailleurs, et qui ont été discutés ci-dessus, j'ai cherché, tout en mettant à profit les principaux perfectionnemens déjà apportés à ces roues, à en modifier la forme, de manière à leur faire produire un effet utile qui s'approchât davantage du *maximum* absolu, et ne s'éloignât guère de celui des meilleures roues en usage dans la pratique, et cela sans leur faire perdre l'avantage qui les distingue, d'être susceptibles d'une grande vitesse. Toute la question, comme on le sait d'après les principes des forces vives, consiste à faire en sorte que l'eau, n'exerçant aucun choc à son entrée dans la roue, la quitte également sans conserver aucune vitesse sensible.

En y réfléchissant, il m'a semblé qu'on parviendrait à remplir cette double condition en remplaçant les aubes droites des roues ordinaires par des aubes courbes ou cylindriques, présentant leur concavité au courant, et dont les élémens, à partir du premier qui se raccorderait tangentiellement à celui de la circonférence extérieure de la roue, seraient de de plus en plus inclinés au rayon et formeraient ainsi une courbe ou surface continue. Il est visible que l'eau arrivant sur les courbes avec une direction à-peu-près tangente à leur premier élément, s'y élèvera sans les choquer jusqu'à une hauteur due à la vitesse relative qu'elle possède, et redescendra ensuite en acquérant de nouveau, mais en sens contraire du mouvement de la roue une vitesse relative égale à celle qu'elle avait en montant. Écrivant donc que la vitesse absolue conservée par l'eau en sortant de la roue est nulle, on trouve que les conditions du problème seront toutes remplies, en donnant à la circonférence de cette roue une vitesse moitié de celle du courant, c'est-à-dire précisément égale à celle qui con-

---

(1) Depuis l'époque de la rédaction de ce mémoire, j'ai fait, sur le moulin à pilons de la poudrerie de Metz, des expériences qui constatent d'une manière positive que, pour les roues à aubes verticales, qui offrent peu de jeu dans le coursier, l'augmentation d'effet due aux rebords ne s'élève pas au $\frac{1}{15}$ de l'effet total.

vient aux roues à palettes ordinaires pour la production du *maximum* d'effet : d'où il suit que les roues à aubes courbes, dont il s'agit ici, outre l'avantage de produire le plus grand de tous les effets possibles, auront encore celui de pouvoir être substituées immédiatement aux roues ordinaires, sans changemens quelconques.

En ayant soin de disposer la vanne comme il a été dit ci-dessus, pratiquant d'ailleurs un ressaut et un élargissement au coursier à l'endroit où les courbes commencent à vider l'eau, afin de faciliter le dégorgement de celle-ci ; plaçant enfin des rebords sur chaque côté des aubes courbes, suivant la méthode de *Morosi*, ou, ce qui vaut mieux, enfermant ces aubes entre deux jantes ou plateaux annulaires, comme on le fait pour les roues à augets, plateaux auxquels la théorie assigne d'ailleurs une largeur qui n'est que le quart de la hauteur de chute, on voit qu'au moyen de toutes ces dispositions, la nouvelle roue ne pourra manquer de donner des résultats très-avantageux et supérieurs à ceux que présentent les premiers perfectionnemens.

L'idée de substituer des aubes courbes aux aubes droites de l'ancien système paraît si naturelle et si simple, qu'il y a lieu de croire qu'elle sera venue à plus d'une personne : aussi n'ai-je pas la prétention de lui attribuer un grand mérite ; mais comme les idées les plus simples sont fort souvent celles qui rencontrent le plus de difficultés à être admises et qui inspirent le moins de confiance aux praticiens, je n'ai pas voulu m'en tenir à des aperçus purement théoriques. Sachant d'ailleurs que certains auteurs ont révoqué en doute l'utilité des applications de la mécanique rationnelle aux machines, j'ai cru qu'il serait utile d'entreprendre une suite d'expériences sur un modèle de roue à aubes courbes, tant afin de vérifier par les faits les lois ou formules déduites du principe des forces vives, aujourd'hui généralement adopté par les géomètres, que pour découvrir les coefficiens constans qui doivent multiplier ces formules, pour qu'elles deviennent immédiatement applicables à la pratique.

On verra que ces formules ont été confirmées aussi rigoureusement qu'on pouvait l'espérer dans des expériences de cette nature, et que le coefficient dont elles doivent être affectées dans les différens cas demeure compris entre les nombres 0,60 et 0,76, pour le modèle de roue mis en expérience. En partant de là d'ailleurs, et considérant ce qui doit arriver en grand lorsqu'on donne à l'ouverture du pertuis et à la pente du coursier les dimensions convenables, on a pu conclure approximativement que la quantité d'action réellement transmise par une roue à aubes courbes pouvait, dans les cas d'une chute de $0^m,80$ à $2^m,00$, ne jamais être moindre que les 0,6, et souvent égaler les 0,67 de la quantité d'action due à la hauteur totale de l'eau du réservoir, au-dessus du point le plus bas de la roue ; ce qui, sans contredit, surpasse les résultats qu'on obtiendrait des roues de côté (1) et même des roues en dessus, dans le cas particulier dont il s'agit d'une petite chute.

Le mémoire qui suit contient les principaux résultats des expériences et des calculs entrepris pour établir ces conséquences et plusieurs autres ; il est divisé en quatre parties : la première renferme la théorie et la construction générale de la nouvelle roue, ainsi que des accessoires qui la concernent ; la deuxième contient les diverses expériences qui ont été faites pour constater les lois de la théorie et les effets mécaniques de cette même roue ; la troisième et la quatrième, enfin, sont relatives aux lois de l'écoulement de l'eau à travers le pertuis et le coursier de l'appareil, lois qui étaient nécessaires pour connaître la quantité d'action réelle de l'eau à l'instant où elle agit sur la roue, et pour en déduire le rapport de cette quantité à celle qui est fournie par cette dernière dans le cas du *maximum* d'effet.

Je crois nécessaire de prévenir que les diverses expériences contenues dans ce mémoire, et les calculs numériques qu'elles nécessitent, ont été établis simultanément dans les mois d'août et de septembre de l'année 1824, et que je dois à l'obligeance de M. le capitaine du génie *Lesbros* et à son zèle pour l'avancement de la science, d'avoir été constamment aidé dans cette partie aussi délicate que pénible de mon travail.

PREMIÈRE PARTIE.

Description et theorie des roues verticales à aubes courbes, mues par-dessous.

1. La *fig.* 1, *Pl.* 289, représente une roue verticale à aubes courbes, disposée de façon à éviter, autant que possible, le choc de l'eau et la perte de vitesse qui a lieu d'ordinaire après qu'elle a agi sur la roue : ces aubes sont encastrées, par leurs extrémités, dans deux plateaux annulaires, à la manière des roues à augets, sans néanmoins recevoir de fond comme celles-ci ; elles peuvent être composées de planchettes étroites lorsqu'on les exécute en bois ; autrement elles doivent être d'une seule pièce, soit de

---

(1) Il existe des expériences faites par M. *Christian* (voyez le tome 1er. de sa *Mécanique industrielle*) sur une roue de côté, desquelles il résulte que ces roues ne transmettent que la moitié de la quantité d'action totale due à la chute, encore la vitesse imprimée était-elle faible et la chute assez forte.

fonte de fer ou de tôle, et alors on est dispensé de les encastrer dans les plateaux annulaires, en y adaptant des oreilles ou rebords cloués ou boulonnés sur ces plateaux. Dans certains cas, on trouvera plus avantageux de supprimer les anneaux en les remplaçant par des systèmes de jantes, ainsi que cela se pratique ordinairement pour les roues en dessous : les aubes courbes doivent alors être soutenues par de petits bras ou bracons en fer, dont la partie inférieure est boulonnée sur la jante après l'avoir traversée; le reste du bracon, plus mince et plié suivant la courbe qui sera examinée plus loin, devra être percé, de distance en distance, de petits trous pour recevoir les clous ou boulonnets destinés à fixer l'ailette. Dans le cas dont il s'agit, il sera d'ailleurs utile, pour l'effet, de placer des rebords en saillie sur les ailettes, suivant le système de *Morosi;* ces rebords pourront avoir de 2 à 3 pouces.

2. Voici maintenant les principales dispositions du coursier et du vannage.

Le coursier BC est incliné ici au $\frac{1}{10}$, dans la vue de restituer à l'eau la perte de vitesse occasionnée par le frottement contre les parois; son inclinaison peut, sans inconvénient, être beaucoup moindre lorsque la lame d'eau est épaisse ou que la vitesse est petite, comme il arrive dans la plupart des cas. La largeur du coursier doit être égale, ou, ce qui vaut mieux encore, un peu moindre que celle des aubes de la roue. A cet effet, il convient de creuser dans les parois latérales des renfoncemens circulaires REC (*fig.* 1, 2 et 3), propres à recevoir les anneaux et une portion des aubes de la roue : il doit exister le moins de jeu possible entre ces parois et les anneaux; enfin, on doit pratiquer un ressaut ou seuil FF à une certaine distance au-delà de la verticale de l'axe de la roue, afin de donner du dégagement à l'eau après sa sortie des courbes; le coursier doit en outre être élargi (*fig.* 2) le plus possible aux environs de ce seuil, dans la vue de faciliter davantage ce dégagement. Quant à la retenue ou tête d'eau BO, il est nécessaire de l'incliner en avant de façon à rapprocher le pertuis de la roue; et, sous ce rapport, il conviendrait aussi, quand la paroi de ce pertuis est épaisse, de placer la vanne BR en dehors, en la composant d'une feuille de tôle forte, ou d'une plaque de fonte glissant dans une petite feuillure pratiquée dans les joues du coursier : la manœuvre peut s'effectuer au moyen d'un cric ou de toute autre manière.

Nous reviendrons plus tard sur ces diverses dispositions quand nous aurons établi, par la théorie et l'expérience, les données particulières de la question : il nous suffit, quant à présent, d'avoir donné une idée générale de l'appareil.

3. Pour établir la théorie de la roue dont il s'agit, nous considérerons

que

que l'eau, en sortant du pertuis, prend une vitesse dont la direction est, à peu de chose près, tangentielle à la circonférence de cette roue : de sorte que si l'on suppose le premier élément de la courbe des ailes tangent lui-même, ou à-peu-près tangent à cette circonférence, il n'y aura pas de choc sensible lors de l'entrée de l'eau dans la roue. L'eau glissera donc le long de chaque courbe, suffisamment prolongée, avec une vitesse relative, égale à la différence de sa vitesse propre et de celle de la roue, et s'élevera, en pressant la courbe, à une hauteur sensiblement égale à celle qui répond à cette vitesse. Par conséquent, si le seuil F ou ressaut du coursier est tellement placé que le bord inférieur de la courbe y soit précisément arrivé au moment où l'eau va parvenir à sa plus grande élévation, celle-ci redescendra le long de la courbe, en la pressant de nouveau, et s'échappera par la partie inférieure avec une vitesse relative sensiblement égale à celle qu'elle possédait en y entrant, et qui aura pour direction celle de l'élément inférieur de cette courbe. Quant à la vitesse absolue conservée par l'eau, elle sera égale à la différence de sa vitesse relative le long de la courbe et de la vitesse de la roue, puisqu'on peut encore supposer ici le dernier élément de la courbe sensiblement tangent à la circonférence de cette roue : or, pour qu'il n'y ait point de force perdue, il faudra, comme on sait, que cette vitesse absolue soit nulle.

D'après cela, nommant V la vitesse de l'eau à l'endroit où elle commence à monter sur la roue, H la hauteur due à cette vitesse, m la masse d'eau écoulée pendant une seconde, g la gravité, enfin v la vitesse relative avec laquelle l'eau s'élevera le long de la courbe, et $\dfrac{(V-v)^2}{2g}$ sera la hauteur à laquelle elle parviendra le long de cette courbe : d'après ce qui précède, elle acquerra de nouveau, en descendant le long de cette même courbe, la vitesse $V-v$; ainsi $(V-v)-v \_ V-2v$ sera sa vitesse absolue au sortir de la roue : cette vitesse devant être nulle pour la production du *maximum* d'effet, on aura $V-2v=0$, d'où $v=\frac{1}{2}V$; c'est-à-dire que la roue devra prendre la moitié de la vitesse du courant, précisément comme il arrive pour les roues à aubes ordinaires.

Il est d'ailleurs évident, d'après le principe des forces vives, que la quantité d'action fournie par la roue sera théoriquement alors égale à mg H, c'est-à-dire à celle que possède l'eau à l'instant de son entrée dans les courbes ; ce qu'on peut constater directement ainsi qu'il suit (1) :

---

(1) Le lecteur qui désirerait de plus amples explications sur l'application du principe des

4. Le mouvement de la roue étant supposé uniforme, et P étant l'effort constant exercé à sa circonférence, lequel peut toujours être censé représenter un poids égal élevé par une corde enroulée sur un tambour de même diamètre que la roue, Pv sera, dans l'unité de temps, la quantité d'action qui correspond à cet effort ; celle dépensée pendant le même temps par la chute sera d'ailleurs $mg\mathrm{H}$: ainsi $mg\mathrm{H}-Pv$ sera la quantité d'action totale communiquée au système. D'un autre côté, la vitesse absolue qui reste à l'eau après avoir agi sur la roue, est, d'après ce qui précède, $\mathrm{V}-2v$: donc la force vive transmise au bout du temps en question est $m(\mathrm{V}-2v)^2$, et par conséquent on a, d'après le principe des forces vives, $m(\mathrm{V}-2v)^2=2(mg\mathrm{H}-Pv)$:

D'où l'on tire,

$$P v = mg\mathrm{H}-m\frac{(\mathrm{V}-2v)^2}{2},$$

et à cause de $\mathrm{V}^2=2g\mathrm{H}$,

$$P v = 2m(\mathrm{V}-v)v.$$

Telle est la quantité d'action réellement transmise à la roue dans l'unité de temps, lorsque son mouvement est parvenu à l'uniformité. En la différentiant par rapport à v, on trouve, comme ci-dessus, pour la vitesse qui correspond au *maximum* d'effet, $v=\frac{1}{2}\mathrm{V}$, et la quantité d'action transmise à la roue dans ce cas est

$$P v = m\frac{\mathrm{V}^2}{2}=mg\mathrm{H} ;$$

c'est-à-dire qu'elle est égale à la quantité d'action totale possédée par l'eau elle-même.

En nommant D la dépense d'eau dans une seconde, exprimée en volume, et observant que $g=9^{\mathrm{m}},809$, on aura, comme on sait, $mg=1000\,\mathrm{D}^{\mathrm{kil.}}$; d'après quoi, les formules ci-dessus, qui expriment la quantité d'action transmise à la roue, deviendront, pour le cas d'une vitesse quelconque v,

$$P v = \frac{2000}{9,809}\,\mathrm{D}(\mathrm{V}-v)v=203,894\,\mathrm{D}(\mathrm{V}-v)v,$$

Et pour le cas du *maximum*,

$$P v = 1000\,\mathrm{D\,H}.$$

---

forces vives aux roues hydrauliques, les trouvera dans les excellentes notes de l'*Architecture hydraulique de Bélidor*, tome 1er., liv. 2, chap. I, rédigées par M. *Navier*.

Les pressions ou efforts exercés, dans les mêmes circonstances, à l'extrémité du rayon de la roue, seront ainsi respectivement,

$$P = 2o3,8g4\,D\,(V - v)^{kil.}$$
$$P = 1ooo\,D\,\frac{H}{\frac{1}{2}V} = 1ooo\,D\,\frac{V}{g} = 1o1,g47\,D\,V^{kil.}$$

D'après cela, on voit que, théoriquement parlant, 1º. la roue dont il s'agit
produira un effet double de celui des roues en dessous ordinaires, et égal au
plus grand de tous les effets possibles; 2º. que la pression ou l'effort exercé
sur la roue sera pareillement double de celui qui s'exerce sur les roues
en dessous, pour les mêmes vitesses, avantage précieux dans tous les cas
où la résistance à vaincre au départ est considérable; 3º. enfin, que la vitesse de la roue qui répond au *maximum* d'effet sera moitié de celle du courant, et par conséquent aussi grande que pour les roues ordinaires.

5. Différentes circonstances empêchent que les choses se passent tout-à-
fait ainsi dans la pratique : il convient donc de les examiner avant d'aller
plus loin, tant pour connaître leur influence respective sur les résultats,
que pour en déduire des règles sur la meilleure disposition à donner aux
diverses parties du système.

La théorie qui précède suppose en effet que l'eau entrera dans la roue
sans choquer les courbes, et qu'elle en sortira avec une vitesse dirigée en
sens contraire de celle que possède la circonférence de la roue : or, ces
deux conditions sont très-difficiles à réaliser en toute rigueur dans la pratique; on peut même dire qu'elles s'excluent réciproquement.

La dernière exige en effet que la courbe des aubes se raccorde tangentiellement avec la circonférence extérieure de la roue, et pour satisfaire
à l'autre, il conviendrait d'incliner son premier élément d'une certaine
quantité par rapport à cette circonférence.

Considérons, par exemple (*fig.* 4), un filet quelconque ab de la lame
d'eau, et proposons-nous de rechercher quelle doit être la direction du
plan $b c'$ pour que ce plan ne reçoive aucun choc de la part du filet fluide
ab; à cet effet, portons la vitesse V de ce filet de b en c, dans la direction
de son mouvement, et pareillement la vitesse correspondante v de la circonférence de la roue de b en d, sur la tangente en b à cette circonférence;
la droite cd ou sa parallèle bc' exprimera évidemment la direction à donner
au plan pour remplir le but proposé. On voit donc que l'angle $c'bd$ du plan
et de la circonférence de la roue doit être encore très-appréciable, et qu'il

2.

varie 1°. avec la position particulière du filet fluide *ab*; 2°. avec le rapport des vitesses *v* et V; 3°. enfin avec la grandeur de la circonférence de la roue.

6. Relativement à la position particulière du filet fluide à l'égard de la lame d'eau dont il fait partie, on voit que l'angle *c'bd* devra être nul pour le filet inférieur de cette lame, et qu'il sera le plus grand possible pour le filet supérieur, dans une même roue et pour les mêmes vitesses *v* et V. Supposons, par exemple, que l'arc embrassé par la lame d'eau du coursier soit de 25°, ce qui convient en particulier au cas où cette lame aurait une épaisseur de 25 centim. et la roue 5 mèt. de diamètre; l'angle *c b d* correspondant au filet supérieur sera donc aussi de 25°; et si l'on prend pour la vitesse *v* celle qui correspond au *maximum* d'effet, elle sera sensiblement égale à $\frac{1}{2}$ V : or, on conclut de ces valeurs respectives, par le triangle *b c d*, que l'angle *c' b d* supplément de *b d c*, est d'environ 47°; c'est donc entre 0° et 47° que devra se trouver l'angle d'inclinaison moyenne le plus convenable pour le plan *b c'*; en prenant 24° pour cet angle on ne s'écarterait probablement pas beaucoup de l'inclinaison qui donne le *minimum* du choc; du moins on peut s'assurer directement que la perte de forces vives due à ce choc serait alors peu de chose relativement à la force vive totale possédée par l'eau.

Nommons en effet *α* l'angle *c' b d* que forme la tangente *b d* avec la direction de la palette plane *b c'*, supposée dans une position quelconque; puis *β* l'angle *c b d* formé par cette même tangente avec la direction du filet fluide *b c*; la force vive perdue pourra être censée proportionnelle à l'épaisseur de la lame d'eau qui choque directement le plan *b c'*, et au carré de la différence des vitesses V et *v*, estimées suivant la perpendiculaire à ce plan, c'est-à-dire à $[\text{V sin.}(\alpha-\beta) - v.\,\text{sin.}\,\alpha]^2$: *m* étant la masse totale de fluide qui s'écoule dans l'unité de temps, cette force sera en général moindre que $m\,[\text{V sin.}(\alpha-\beta) - v\,\text{sin.}\,\alpha]$, puisque cette expression suppose que la masse d'eau dépensée *m* choque le plan *b c'* sur toute la hauteur qu'elle occupe dans le coursier, circonstance qui arrive tout au plus pour la position où l'extrémité inférieure *b* de ce plan atteint le fond de ce coursier. Or, en donnant à *v* et *α* les valeurs ci-dessus ¹/₂ V. 24°, et faisant varier l'angle *β* ou *c b d* depuis zéro jusqu'à sa limite 25°, on trouvera que les valeurs de la formule précédente demeurent comprises entre 0 et 0,05. *m* V². La force vive perdue par l'effet du choc n'est donc pas même le $\frac{1}{10}$ de la force vive *m* V², possédée par la masse d'eau affluente, et il est probable que moyennement elle n'est pas la moitié de cette quantité, toujours dans les hypothèses précédentes, qui sont défavorables, puisqu'il arrive rarement, dans la pratique, que la lame d'eau choquante embrasse la roue sous un arc de plus de $25°$ (1)

Dans l'état actuel d'imperfection de l'hydraulique, il serait, à ce que je crois, très-difficile d'estimer rigoureusement la force vive perdue par le choc dans la question qui vient de nous occuper; les raisonnemens qui précèdent pourront suffire pour en assigner grossièrement les limites, et pour rassurer sur les effets qu'on aurait été tenté d'attribuer à ce choc.

7. Recherchons maintenant la perte de force vive qui résulterait de ce que l'eau, au lieu de sortir de la roue tangentiellement à sa circonférence extérieure, s'en échapperait sous l'angle de $24°$ adopté ci-dessus pour l'inclinaison du premier élément des courbes. La vitesse absolue, conservée par l'eau après sa sortie de la roue, sera évidemment la résultante de la vitesse $v = \frac{1}{2} V$ de cette roue, et de sa vitesse propre le long des courbes, vitesse que nous supposons (3) différer peu de la première : or, ces vitesses formant un angle de $256°$, supplément de $24°$, auront évidemment pour résultante la vitesse $2\,v \cos. \frac{1}{2} 156° = 2\,v \sin. \frac{1}{2} 24° = V \sin. 12° = 0,208\,V$; donc la force vive conservée par l'eau après sa sortie des courbes, et par conséquent perdue pour l'effet, sera égale à $m\,(0,208\,V)^2 = 0,0433\,m\,V^2$ ou au $\frac{1}{25}$ environ de la force vive totale possédée par l'eau avant qu'elle ait agi sur la roue : cette perte, jointe à celle qui est due au choc, d'après ce qui précède, ne s'élèvera pas, comme on voit, à $0,07\,m\,V^2$, quantité encore assez petite relativement aux autres causes de perte inséparables de toutes les espèces de roues hydrauliques. La perte en question diminuerait d'ailleurs avec l'amplitude de l'arc de roue embrassée par la lame d'eau affluente; mais alors aussi l'angle formé par le premier élément de la courbe avec la circonférence de la roue pourra être moindre que $24°$, tel qu'on l'a supposé précédemment.

Ces divers raisonnemens, qu'on peut répéter sur d'autres exemples, montrent l'influence de la détermination de l'angle en question sur la perte

---

(1) On remarquera, d'après l'expression trouvée ci-dessus, que, dans certaines positions de la palette plane $b\,c'$, la pression de l'eau peut devenir négative, c'est-à-dire agir en sens contraire du mouvement de la roue : or, si l'on se reporte aux aubes courbes, on reconnaîtra aisément que cet effet n'a lieu que pour une très-petite portion de leur étendue à partir de la circonférence extérieure de la roue : la lame d'eau qui choque cette partie sera donc non-seulement une fraction très-petite de la lame totale de l'eau introduite dans le coursier, en sorte que l'impression normale sera extrêmement faible, mais encore le bras de levier de cette impression, par rapport au centre de la roue, sera beaucoup moindre que le rayon qui représente le bras de levier de l'impression totale ou de l'effort exercé sur cette roue. Cette impression est donc tout-à-fait à négliger pour la pratique.

des forces vives, soit à l'entrée de l'eau dans la roue, soit à sa sortie : on voit que cette influence est en général plus grande pour le second cas que pour le premier, de sorte qu'il y aurait moins d'inconvéniens à diminuer cet angle qu'à l'agrandir ; mais comme, d'un autre côté, son agrandissement facilite l'accès de l'eau dans les courbes et diminue le choc qui s'exerce contre leur partie inférieure ou convexe, en sens contraire du mouvement de la roue, il conviendrait d'adopter un juste milieu; ce qui ne paraît pas facile sans recourir à l'expérience. Cependant il est permis de croire que l'on ne s'éloignera guère de la meilleure disposition, en adoptant pour l'inclinaison du premier élément des courbes, sur la circonférence extérieure de la roue, un angle environ moitié de celui qui rend nul le choc de l'eau, à l'instant où cet élément y pénètre. Cet angle est d'environ 24°, comme nous l'avons vu (6) pour le cas où la lame d'eau embrasserait la roue sous un arc de 25°.

En général, on peut s'assurer, soit par la construction du n°. 5, soit par l'équation $V \sin. (\alpha - \beta) - \sin. \alpha = 0$, ou son équivalente $\sin. (\alpha - \beta) - \dfrac{\sin. \alpha}{2} = 0$, puisque $v = \frac{1}{2} V$, lesquelles expriment qu'il n'y a pas de choc ; on peut s'assurer, dis-je, que l'angle d'inclinaison dont il s'agit est un peu moindre que celui qui répond à l'arc de roue embrassé par la lame d'eau ; mais ce dernier angle est précisément égal à l'angle formé en E par le filet supérieur DE de l'eau avec la circonférence extérieure de la roue, lequel, à son tour, est égal à l'angle AEK de la perpendiculaire EK à ce filet, et du rayon AE répondant au point E ; donc on pourra prendre pour l'inclinaison des courbes, sur la circonférence de la roue, un angle un peu moindre que celui AEK dont il s'agit.

8. On pourrait justifier le choix de cet angle par d'autres considérations encore, que nous passerons sous silence pour ne pas trop allonger, et que le lecteur devinera sans peine avec un peu de réflexion. Quant à la forme même de la courbe des aubes, il semble résulter du principe de la conservation des forces vives, qu'elle est jusqu'à un certain point arbitraire, pourvu qu'elle soit continue et qu'elle présente sa concavité au courant ; mais il n'en est pas de même de sa hauteur au-dessus de la circonférence extérieure de la roue ou de la largeur des anneaux ; cette hauteur doit être assez grande pour que l'eau affluente puisse perdre toute sa vitesse en montant sur l'aube.

Nous avons vu (3) que la vitesse de l'eau le long des courbes était $V - v$, et qu'elle s'y élevait à-peu-près à la hauteur $\dfrac{(V - v)^2}{2g}$; elle est donc varia-

(15)

ble avec la vitesse v de la roue, et la plus grande possible pour le cas où
la roue est immobile ; cette hauteur étant alors $\dfrac{V^2}{2g}$, on voit qu'il faudrait
donner aux courbes une hauteur presque égale à celle de la chute, si l'on
voulait profiter de toute la vitesse de l'eau à l'instant du départ de la roue ;
mais comme cette dimension des palettes serait souvent exorbitante et
inexécutable dans la pratique ; que d'ailleurs on peut, sans beaucoup d'inconvéniens, sacrifier une partie de l'effet de la chute à l'instant dont il
s'agit, nous croyons qu'il suffira, dans la plupart des cas, de se borner à
donner aux courbes la hauteur qui correspond à la vitesse $v = \frac{1}{2}V$ du
maximum d'effet.

L'expression ci-dessus de cette hauteur devient alors $\frac{1}{4}\dfrac{V^2}{2g}$; c'est-à-dire
qu'elle est précisément le quart de celle de la chute totale. Pour les chutes
au-dessus de 2 mètres, on jugera souvent convenable de s'en tenir à cette
proportion, tandis que pour les chutes beaucoup plus petites, on pourra
sans inconvénient l'augmenter, en la portant, par exemple, au tiers ou
même à la moitié de la hauteur totale de chute. On devra donc, à cet égard,
se régler sur le genre de construction que l'on se propose d'admettre,
et d'après la nature des matériaux que l'on veut y employer, sans oublier
qu'il y a toujours un certain avantage attaché à l'agrandissement des courbes
ou des anneaux qui les contiennent ; car, outre qu'il arrive souvent, dans
la pratique, que la vitesse des roues s'éloigne plus ou moins de celle qui
répond au *maximum* d'effet, on a encore à craindre, en restreignant la
hauteur des courbes, de diminuer la force d'impulsion de l'eau au départ de
la roue. Au surplus, si l'on adopte une disposition telle qu'au moment
où l'eau s'élève au-dessus des courbes, sa direction ou celle du dernier
élément de ces courbes soit à-peu-près perpendiculaire à la direction du
mouvement de la roue, la perte d'effet qui résultera de ce que l'eau aban-
donne les aubes, sera peu de chose, puisqu'elle cesserait alors de les
presser, et qu'en retombant, elle agira de nouveau par son poids et sa
vitesse acquise sur l'eau inférieure.

9. D'après toutes ces considérations, et pour la facilité de l'exécution,
nous nous sommes arrêtés au tracé suivant des courbes. Ayant mené un
rayon quelconque Ab (*fig.* 4) de la roue et déterminé la largeur bb' des
anneaux qui doivent renfermer les aubes, largeur qui doit être au moins
le quart de la hauteur de chute, on mènera, du point b de la circonférence extérieure, une droite bo inclinée sur le rayon Ab, vers la vanne,
d'un angle Abo égal ou un peu moindre (7) que l'angle A E K formé par la

perpendiculaire E K au filet supérieur D E de la lame d'eau qui doit être introduite dans le coursier, avec la direction A E du rayon qui répond au point E, où ce filet rencontre la circonférence extérieure de la roue. Prenant ensuite pour centre un point *o* situé un peu au-dessus de la circonférence intérieure de l'anneau, par exemple d'un septième ou d'un sixième de sa largeur on décrira, avec la distance *bo* pour rayon, l'arc de cercle *b m* terminé de part et d'autre à l'anneau; cet arc sera celui qu'on pourra adopter pour le dessus des aubes de la roue.

Quant à l'écartement de ces aubes, la théorie précédente ne fournit aucun moyen de le déterminer; on peut donc, faute de mieux, se diriger d'après les principes suivis pour les roues en dessous ordinaires : ainsi, pour des roues qui auraient de 4 à 5 mètres de diamètre, on ne risquera rien d'adopter trente-six aubes et plus même, si l'épaisseur de la lame d'eau introduite dans le coursier est faible, par exemple, de 10 à 15 centimètres, ou si la roue offre un grand diamètre.

10. Il nous reste maintenant à examiner quelle forme et quelle position on doit donner, tant au coursier qu'au seuil ou ressaut qui le termine, afin de satisfaire, le mieux possible, aux conditions de la théorie.

Et d'abord, quant au ressaut F, on voit qu'il devrait être situé au point de la roue pour lequel l'eau commence à sortir des augets : or, la détermination de ce point, *à priori*, paraît très-difficile, vu qu'elle dépend du temps que l'eau emploie à monter ou à descendre le long des courbes et de l'espace parcouru pendant ce temps par la roue; l'appréciation de ce temps, en effet, est, comme on sait, très-difficile, pour ne pas dire impossible, même en supposant que l'on connaisse bien la loi du mouvement de l'eau dans les courbes; ce qui n'est pas. Néanmoins, s'il était ici permis de considérer la lame d'eau comme un filet fluide isolé, on arriverait aisément à cette conséquence, que l'espace décrit par la roue, à partir du point d'entrée de l'eau sur les courbes, est nécessairement plus grand que la moitié de la hauteur due à la vitesse V de l'eau, dans le cas où la roue est réglée au *maximum* d'effet; au moyen de quoi on serait en état de fixer une limite en deçà de laquelle il ne convient pas de placer le seuil du coursier : or, les choses ne se passent pas ainsi; l'eau arrive en effet sur les courbes en filets ou lames très-minces, qui se succèdent sans interruption, à partir du filet supérieur D E (*fig.* 4), et se superposent les uns les autres; chacun d'eux étant donc contigu à des filets qui sont entrés plus tôt ou plus tard dans la roue, tous s'influencent réciproquement, de façon à altérer à-la-fois le temps et la hauteur d'ascension de l'eau. Tout ce qu'on peut, en conséquence, raisonnablement conclure de ce qui précède, c'est que la distance

à

à laquelle on doit placer le seuil au-delà du point inférieur de la roue est d'autant plus grande que la chute l'est elle-même davantage, et à-peu-près proportionnelle à sa hauteur.

11. Ces conditions ne suffisant donc pas pour fixer la position du seuil du coursier, on pourra l'établir, dans chaque cas, par les considérations qui suivent : 1°. la direction BC (*fig.* 1) du fond du coursier devant être tangente en C à la circonférence extérieure de la roue, et l'eau continuant à affluer sur chaque aube jusqu'à ce que l'aube précédente soit arrivée en C, le seuil F ne saurait être placé en deçà de ce point; 2°. il n'y a point d'inconvénient grave à placer ce seuil un peu au-delà du point où l'eau commencerait réellement à verser, pourvu que la roue soit emboîtée dans une portion circulaire CF du coursier, concentrique à sa circonférence extérieure; car l'eau se trouvant renfermée entre les courbes de C en F, et l'auget se trouvant à-peu-près plein, la hauteur d'ascension sur ces courbes se trouvera peu altérée, de même que la vitesse de l'eau à la sortie; 3°. la perte d'effet provenant de ce que le seuil se trouverait un peu élevé au-dessus du point le plus bas de la roue, peut être entièrement annulée en abaissant l'arête F jusqu'au niveau que l'on donnerait naturellement à ce point, pour conserver toute la hauteur de la chute; 4°. enfin la partie circulaire CF du coursier devra être au moins égale à la distance de deux aubes consécutives, afin que le jeu, par lequel l'eau peut s'échapper en dessous de la roue, ne soit jamais plus considérable que celui qui est strictement nécessaire.

L'emplacement du seuil étant réglé d'après ces conditions, on pourra le raccorder avec le fond du canal inférieur HI (*fig.* 1, 3 et 4), au moyen d'une droite plus ou moins inclinée ou par une courbe FII tangente à ce fond. Il sera aussi convenable de terminer les joues du coursier au seuil F, pour permettre à l'eau de s'étendre immédiatement suivant toute la largeur du débouché que présente le canal inférieur, ou si cela est impossible par la nature des constructions déjà établies, il faudra l'élargir le plus possible à compter du même endroit, comme l'expriment en plan les figures 2 et 6.

Quant à la hauteur absolue du seuil F au-dessus du fond du canal inférieur, elle est relative au régime habituel des eaux dans ce canal, et il n'y a rien de spécial à prescrire à son égard, si ce n'est qu'on doit lui donner la moindre élévation possible, afin de ne pas diminuer par trop la hauteur de chute. Au surplus, les préceptes que l'on pourrait donner à ce sujet sont communs à toutes les roues d'où l'eau s'échappe avec une vitesse presque nulle ou très-petite, et l'on aura remarqué que celle qui nous occupe n'a pas, au même degré que la plupart des autres roues , l'inconvénient de soulever ou de choquer l'eau en arrière lorsqu'elle est ce qu'on appelle noyée : de sorte qu'il suffira, dans la plupart des cas, de mettre le seuil F dans le prolongement de la surface supérieure K L des eaux du canal de décharge.

12. Nous remarquerons en terminant, que l'eau aura beaucoup plus de facilité pour dégorger des augets qu'elle n'en a eu pour y entrer, en sorte que (*fig.* 1) le point G de la roue, auquel elle sera entièrement évacuée, sera très-peu distant du seuil F , et par conséquent très-peu élevé au-dessus de ce seuil, sur-tout si la roue est assez grande par rapport à la hauteur de chute ; ce qui arrive d'ordinaire dans la pratique. Or, la majeure partie de l'eau s'écoulant tout près du point F , on voit que la perte d'effet, due à la chute de l'eau hors des courbes, sera toujours une très-faible portion de l'effet total. On pourra d'ailleurs , si on le juge convenable, rapprocher le point G du niveau de l'eau dans le canal de décharge , soit en enfonçant un peu l'arête F du seuil au-dessous de ce niveau , soit en inclinant davantage le fond BC du coursier , de façon à rapprocher du pertuis le point de contact C de ce fond et de la circonférence extérieure de la roue , soit enfin en donnant à la portion circulaire C F du coursier le *minimum* de longueur qu'il puisse recevoir, d'après ce qui a été dit précédemment (11); il est évident , en effet, que ces dispositions tendent également à diminuer l'inconvénient signalé.

Nous pensons qu'en procédant d'après les divers principes qui viennent d'être expliqués, on ne saurait s'écarter beaucoup des meilleures dispositions à donner aux roues en dessous à aubes courbes ; mais pour ne pas nous borner à des considérations purement théoriques , nous avons entrepris une série d'expériences sur un modèle en petit, tant afin d'apprécier et de constater les avantages annoncés par le calcul, que pour éclairer diverses questions intéressantes, qui n'auraient pu l'être d'une manière suffisante et complète par la théorie, et sur lesquelles nous aurons ainsi l'occasion de revenir.

DEUXIÈME PARTIE.

Expériences sur les effets des roues verticales à aubes courbes, mues par-dessous.

13. La roue dont nous nous sommes servis pour faire ces expériences , représentée *fig.* 1 , a été construite sur une échelle du 6e. environ, d'après les principes développés précédemment : son diamètre, pris extérieurement,

est de 5o centimètres ; les aubes courbes sont en bois mince de 2 à 3 millimètres d'épaisseur ; leur hauteur ou la largeur des anneaux circulaires est d'environ 62 millimètres, et la distance entre ces anneaux, ou la largeur horizontale des aubes, est moyennement de 76 millimètres, et égale la largeur du coursier près de la vanne : il eût été préférable, sans contredit, de donner un excès de largeur aux courbes, afin d'être certain que l'eau ne rencontrerait, en aucun cas, l'épaisseur des jantes ou anneaux.

La largeur totale de la roue, les anneaux compris, est d'environ 1o3 millimètres, tandis que celle du coursier à l'endroit du seuil est de 111 millimètres ; le jeu était donc d'environ 8 millimètres pour les deux côtés de la roue, mais il n'était que de 2 millimètres en dessous. En général, la roue construite en bois de noyer et sans beaucoup de soin, laissait échapper assez d'eau par ses côtés et ne tournait pas *rond ;* l'humidité et la sécheresse l'avaient fait voiler, et c'est ce qui a obligé à lui donner beaucoup de jeu dans le coursier. En un mot, il est très-probable que, toute proportion gardée, les roues en grand seraient généralement exécutées avec plus de précision, et c'est une raison à faire valoir en faveur des résultats que nous a donnés l'expérience : le poids de cette roue était d'ailleurs d'environ 3^{k},25.

14. Voici maintenant les autres dispositions principales que nous avons adoptées. L'eau qui donne le mouvement à la roue était contenue dans une caisse d'environ 80 centimètres de largeur, et 3o de profondeur, ouverte sur le devant, afin de recevoir immédiatement l'eau d'un petit ruisseau qu'elle servait à barrer entièrement ; une portion de la paroi, du côté de la roue, est inclinée en avant, comme il a été expliqué au n°. 2, et qu'il est exprimé *fig.* 1 et 2 ; et l'on a pratiqué à sa partie inférieure un pertuis de la largeur du coursier, c'est-à-dire d'environ 76 millimètres, et d'une hauteur d'environ 37 millimètres mesurés perpendiculairement au fond du coursier, dont la pente au $\frac{1}{10}$ se trouve prolongée dans l'intérieur de la caisse, jusqu'à une distance d'environ 10 centimètres ; les bords latéraux de ce pertuis ont été arrondis de façon à éviter, autant que possible, la contraction de la veine fluide ; pour le fermer, on a placé intérieurement une première vanne en bois *a b* (*fig.* 1) dépassant légèrement les parties arrondies du pertuis, et portant d'ailleurs une tige *a c* pour la lever et baisser à volonté, lorsqu'on voulait donner l'eau à la roue.

Cette vanne, devant d'ailleurs s'ouvrir et se fermer fréquemment pour une même série d'expériences, ne pouvait servir à régler l'ouverture du pertuis avec une précision suffisante ; on en a placé en avant une autre B R ,

3.

en tôle mince, glissant dans des rainures très-étroites, placées exactement dans le prolongement de la face extérieure de la retenue, de façon qu'il n'y eût aucune perte d'eau. Cette ventelle servant à régler la véritable ouverture, on n'y touchait que lorsqu'il était nécessaire d'en changer pour une nouvelle série d'expériences ; on avait le soin d'élever assez la vanne intérieure pour qu'elle ne pût troubler en aucune manière l'écoulement de l'eau. Nous avons d'ailleurs déjà fait connaître (2) les autres avantages qui sont attachés à cette disposition.

15. Pour régler avec une précision suffisamment rigoureuse l'ouverture de la ventelle extérieure, nous avons fait préparer de petites règles de bois, ayant pour largeur les diverses ouvertures à établir ; on prenait toutes les précautions nécessaires pour s'assurer qu'elles n'avaient pas sensiblement varié au moment où il fallait s'en servir : alors on appliquait l'une de leurs faces sur le fond incliné du coursier, et l'on baissait la ventelle jusqu'à ce que son extrémité inférieure touchât l'autre face ; on faisait ensuite glisser la règle dans tous les sens entre la vanne et le coursier, en la maintenant exactement dans une situation verticale ; il est évident que l'épaisseur de la règle donnait d'une manière précise l'ouverture du pertuis.

Quant à la manière de déterminer la hauteur de l'eau dans la caisse, nous avions employé d'abord un flotteur glissant le long d'une tige graduée ; mais ce flotteur ayant été rompu, on y substitua plus tard la mesure directe de la profondeur de l'eau à l'aide d'une règle de *Kutsch*, divisée en millimètres : cette mesure était prise différentes fois durant une même expérience, afin de constater que le niveau n'avait pas sensiblement varié.

16. La manière de régler le niveau est, comme l'on sait, la partie la plus délicate et la plus difficile de cette sorte d'expérience ; elle exige beaucoup de soin et de patience. N'ayant point d'ailleurs à notre disposition les moyens plus ou moins ingénieux employés par divers auteurs, nous nous bornions à établir, à côté de la caisse servant de réservoir, un canal et une vanne de décharge, dont les dimensions suffisaient à l'entier écoulement de l'eau fournie par le ruisseau : la petite vanne de la roue étant levée convenablement, on réglait, par un tâtonnement souvent fort long, l'ouverture de celle de décharge, de manière à obtenir le niveau constant que nécessitait l'objet particulier de l'expérience à faire.

Le temps était mesuré à l'aide d'un compteur de *Bréguet*, donnant les demi-secondes, et la quantité d'eau écoulée pendant une seconde s'obtenait par le temps qui était nécessaire pour remplir une caisse jaugée à plusieurs reprises, et qui contenait exactement 184 litres.

On n'a jamais compté pour bonnes que les expériences qui, étant répétées à plusieurs reprises, ne donnaient que des différences d'une demi-seconde dans la durée totale de l'écoulement, et l'on a constamment agi ainsi pour toutes les autres espèces d'expériences dont il sera rendu compte par la suite.

17. Avant d'aller plus loin et de faire connaître les dispositions par lesquelles on est parvenu à mesurer les quantités d'action précises fournies par la roue sous différentes chutes et diverses ouvertures de vanne, il est nécessaire de rapporter une circonstance digne de remarque : c'est qu'ayant voulu, pour la première fois, lâcher l'eau dans le coursier, afin d'observer la manière dont s'y faisait l'écoulement, on fut tout surpris de voir que, loin de sortir de la vanne en filets parallèles, comme on devait s'y attendre d'après le soin qu'on avait pris d'évaser les parois intérieures du coursier, l'eau s'élevait au contraire en une nappe très-mince de 10 à 12 centimètres de hauteur verticale au-dessus du fond de ce coursier, abandonnant ainsi ses parois latérales. Après avoir réfléchi quelques instants à ce singulier phénomène, je ne tardai pas à reconnaître qu'il était dû uniquement à ce que les parois intérieures de la caisse étaient inclinées sur son fond, et formaient avec ce fond un angle très-aigu de part et d'autre du pertuis, par lequel l'eau arrivait avec assez de vitesse pour contracter la lame, et la forcer à s'élever dans le coursier.

En conséquence, je fis préparer deux planchettes triangulaires, représentées en $f g h$, $g' h'$ (*fig.* 1 et 2), et qui avaient une épaisseur de 27 millimètres sur environ 17 centimètres de base : elles furent placées de chaque côté de la vanne intérieure, de façon à garnir les angles dont il a été question, et à former comme le prolongement du coursier dans la caisse, quoiqu'elles fussent plus écartées entre elles que les parois de ce dernier : l'effet cessa aussitôt, ou devint assez peu sensible pour permettre d'opérer avec la roue, et de considérer la lame d'eau qui y entre comme à-peu-près parallèle au fond du coursier ; ce qui est indispensable pour éviter le choc contre les courbes.

18. En adoptant cette disposition, les circonstances de l'écoulement se trouvaient rapprochées de celles qui se rencontrent fréquemment dans la pratique, lorsque les parois du coursier sont prolongées au-delà du vannage, et forment ainsi un canal étroit du côté de la retenue ; mais outre que cette disposition complique le phénomène de l'écoulement, en l'éloignant des hypothèses ordinaires de la théorie, elle offre encore l'inconvénient beaucoup plus grave, de faire perdre à l'eau une partie notable de la vitesse qu'elle eût acquise en donnant plus de largeur au canal d'entrée : car non-seulement les parois de ce canal font éprouver à l'eau qui y cir-

cule une résistance d'autant plus grande , que sa section est moindre et sa longueur plus considérable ; mais il se fait aussi une légère contraction à l'entrée de l'eau dans ce canal, lorsqu'il débouche dans un bassin dont la section horizontale est beaucoup plus forte ; ce qui tend nécessairement à diminuer la vitesse à la sortie du pertuis.

On eût évité en grande partie ces inconvéniens en diminuant la longueur du canal intérieur , et garnissant d'ailleurs tout l'angle ou le coin compris entre la paroi inclinée du vannage et le fond du réservoir. Par exemple , on eût pu se contenter (*fig.* 5 et 6) de placer dans cet angle deux liteaux triangulaires fgh , $g'h'$, dont les faces verticales fg eussent répondu à l'arête supérieure du pertuis, comme on le voit représenté *fig.* 5 ; leur saillie gh dans l'intérieur eût ainsi été réduite à 4 ou 5 centimètres. Il eût d'ailleurs été convenable de mettre les extrémités $g'h'$ des liteaux dans le prolongement des joues du coursier et de les terminer par des portions arrondies pour éviter la contraction. Quelques essais faits ultérieurement nous ont effectivement appris que, par ces dispositions très-simples, on atteignait avec avantage le but proposé , l'eau sortant du réservoir en nappe très-régulière , et présentant en profil une ligne droite parallèle au fond du coursier. Ainsi donc il ne faudra jamais manquer d'adopter ces dispositions dans la pratique , si l'on tient à éviter les inconvéniens que présentent les vannes inclinées.

19. Au surplus ne pouvant disposer que pour peu de temps du ruisseau où la roue était placée , parce qu'il n'était alimenté que par l'eau qui s'échappait accidentellement d'une construction hydraulique faite dans la partie supérieure, on se contenta d'avoir apporté un remède prompt à un inconvénient qui paraissait d'abord très-grave ; et sans s'arrêter pour le moment à chercher des moyens plus convenables de disposer la vanne de retenue , on entreprit de suite les expériences nécessaires pour évaluer les quantités d'action fournies par la roue , objet essentiel des recherches qu'on avait en vue ; on remit d'ailleurs à une autre époque les expériences qui pouvaient servir à déterminer rigoureusement les effets de l'appareil dont on se servait, c'est-à-dire la perte de vitesse qui en résulterait pour l'eau à l'endroit où elle agit sur la roue.

20. On sait que pour estimer la quantité d'action fournie par une roue hydraulique, le moyen le plus simple est de lui faire élever un poids à l'aide d'une corde ou ficelle, passant sur une poulie et s'enroulant, par son autre extrémité, sur l'arbre de la roue ; cette quantité d'action a en effet pour valeur le produit du poids soulevé , augmenté des résistances passives, par la hauteur à laquelle il a été élevé dans l'unité de temps.

(23)

L'élévation de la poulie au-dessus de la roue était d'environ 8 mètres ;
cette poulie elle-même avait 9 centimètres de diamètre, et se trouvait
placée à-peu-près verticalement au-dessus de l'arbre de la roue, sur
lequel s'enroulait la ficelle, qui avait 2 ou 3 millimètres de diamètre. Le
poids était reçu dans un petit sac de toile qu'on avait pesé préalablement.

La première chose à faire était d'évaluer approximativement la résistance due à l'air et à la roideur de la ficelle, ainsi qu'au frottement
des tourillons, pour les différentes vitesses de la roue : en conséquence,
on boucha hermétiquement la vanne, et après avoir placé successivement
différens poids dans le sac, on élevait celui-ci à la plus grande hauteur
possible, en enroulant la ficelle autour de l'arbre de la roue, de manière
que le poids, en descendant, faisait tourner cette roue dans le même
sens que lorsqu'elle était mue simplement par l'eau. On laissait ensuite
faire dix tours entiers à la roue avant de compter, afin qu'elle eût à-peu-près
acquis un mouvement uniforme sous l'action du poids ; le commencement
et la fin de chaque tour étaient très-exactement indiqués par une aiguille
fixée au tourillon de l'arbre.

Cela posé, on comptait à plusieurs reprises le temps employé par la
roue pour décrire exactement un certain nombre rond de tours, qui a
été généralement de 20 ou 25. On s'est ainsi formé une table des différentes vitesses que prenait la roue sous les poids placés dans le sac. Or,
le mouvement étant parvenu chaque fois à l'uniformité, ces poids étaient
précisément ceux qui mettaient en équilibre ou représentaient toutes les
résistances réunies de la roue allant à vide.

Lorsqu'ensuite on faisait élever un certain poids à la roue par le moyen
de l'eau, on avait soin d'ajouter à ce poids celui qui répondait, dans la
table, à la vitesse uniforme qu'avait prise cette roue, et l'on avait ainsi
le poids total soulevé en y comprenant les résistances.

Cette méthode, employée par divers auteurs, n'est pourtant point exacte
dans toute la rigueur mathématique ; car la roue éprouvant un effort de la
part de l'eau lorsqu'elle est mue par celle-ci, et le sac se trouvant dès-lors
plus chargé que lorsqu'elle marche à vide, d'une part ; la tension et par
suite la roideur de la ficelle sont plus fortes, et d'une autre la pression et le
frottement sur les tourillons sont altérés. Il serait sans doute fort difficile
d'avoir égard à ces dernières causes dans des expériences qui doivent être
très-multipliées ; mais heureusement il se fait des soustractions et com-
pensations qui diminuent la somme totale des résistances dans les différens
cas, somme qui d'ailleurs est toujours beaucoup plus faible que la résistance trouvée par les expériences sur la roue à vide.

21. Pour donner une idée de la manière dont nous avons constamment opéré, et pour faire apprécier le degré de soin et d'exactitude qu'on a apporté dans les expériences, nous allons présenter le détail de quelques-unes d'entre elles, et en déduire la confirmation rigoureuse de plusieurs points intéressans de la théorie. Nous choisirons pour exemple une série d'expériences qui ont été poussées très-loin, afin de reconnaître les lois mêmes que suivent les effets des roues à aubes courbes, lorsqu'on leur fait prendre différentes vitesses sous différentes charges. Dans toutes ces expériences, l'ouverture de la vanne extérieure a été constamment maintenue à 3 centimètres, et la hauteur du niveau de l'eau dans le réservoir au-dessus du seuil de cette vanne ne s'est pas écartée sensiblement de 234 millimètres. La dépense d'eau a été trouvée de 3,8942 litres par seconde, d'après des expériences répétées ; on s'est assuré d'ailleurs que chaque tour de roue développait exactement $0^m,2188$ de ficelle, c'est-à-dire que le contre-poids s'élevait à cette hauteur pour chaque tour de roue : pour y parvenir, on avait mesuré directement l'élévation du poids correspondant à 18 tours exacts de roue.

Les choses étant ainsi disposées, on a commencé par faire aller la roue sans la charger, et l'on a trouvé qu'elle faisait 25 tours en $19'',5$; on a ensuite placé dans le sac un poids d'un kilogramme, qu'on a successivement augmenté à chaque expérience jusqu'à environ 5 kilogrammes, passé quoi, la roue cessait d'avoir un mouvement régulier et uniforme : ce terme aurait, sans doute, pu être reculé si la roue avait été bien construite ; mais, ainsi qu'on l'a déjà observé, elle n'était pas exactement centrée ou ne tournait pas rond.

A chaque expérience d'ailleurs, on laissait faire 6 à 8 tours à la roue avant de compter le temps au chronomètre ; on laissait ensuite faire 25 nouvelles révolutions à la roue, afin d'obtenir avec une grande approximation le nombre de tours par seconde, puis la hauteur d'ascension du poids, et finalement la quantité d'action de la roue, ou le produit de cette hauteur par le poids augmenté des résistances données par les expériences sans eau.

Le tableau suivant montre la série des diverses données de l'expérience et des résultats qu'on en a déduits par le calcul. Les nombres de la 2e. colonne ont été obtenus par 3 ou 4 expériences s'accordant à une demi-seconde près.

TABLEAU

TABLEAU *des poids soulevés et des quantités d'action fournies par la roue, sous une ouverture de vanne de 3 cent. et une chute de 234 millimètres.*

NUMÉROS des Expériences.	TEMPS pour 25 tours de roue.	NOMBRE de Tours par seconde.	HAUTEUR à laquelle est élevé le Poids par seconde.	POIDS soulevé y compris celui du sac.	POIDS qui fait équilibre aux résistances.	POIDS TOTAL soulevé par la roue.	QUANTITÉ d'action fournie par la roue.
	"	t.	m.	k.	k.	k.	k.m.
1	19,50	1,2821	0,2805	0,000	0,222	0,222	0,0623
2	23,20	1,0776	0,2358	1,000	0,190	1,190	0,2806
3	23,50	1,0638	0,2328	1,100	0,180	1,280	0,2980
4	24,00	1,0417	0,2279	1,200	0,176	1,376	0,3136
5	24,40	1,0246	0,2242	1,300	0,174	1,474	0,3305
6	24,80	1,0081	0,2206	1,400	0,172	1,572	0,3468
7	25,20	0,9921	0,2171	1,500	0,170	1,670	0,3626
8	25,60	0,9766	0,2137	1,600	0,167	1,767	0,3776
9	26,00	0,9615	0,2104	1,700	0,164	1,864	0,3922
10	26,50	0,9434	0,2064	1,800	0,160	1,960	0,4045
11	27,00	0,9259	0,2026	1,900	0,158	2,058	0,4170
12	27,50	0,9091	0,1989	2,000	0,156	2,156	0,4288
13	28,00	0,8929	0,1954	2,100	0,154	2,254	0,4404
14	28,50	0,8772	0,1919	2,200	0,152	2,352	0,4513
15	29,00	0,8621	0,1886	2,300	0,150	2,450	0,4621
16	29,50	0,8475	0,1854	2,400	0,149	2,549	0,4726
17	30,10	0,8306	0,1817	2,500	0,148	2,648	0,4811
18	30,60	0,8170	0,1788	2,600	0,145	2,745	0,4908
19	31,30	0,7987	0,1748	2,700	0,142	2,842	0,4968
20	32,00	0,7813	0,1709	2,800	0,140	2,940	0,5024
21	32,50	0,7692	0,1683	2,900	0,137	3,037	0,5111
22	33,50	0,7463	0,1633	3,000	0,134	3,134	0,5118
23	34,30	0,7289	0,1595	3,100	0,131	3,231	0,5153
24	35,00	0,7143	0,1563	3,200	0,128	3,328	0,5202
25	35,50	0,7042	0,1541	3,300	0,126	3,426	0,5279
26	36,50	0,6849	0,1499	3,400	0,123	3,523	0,5281
27	37,50	0,6667	0,1459	3,500	0,120	3,620	0,5282 max.
28	38,50	0,6494	0,1421	3,600	0,115	3,715	0,5279
29	39,50	0,6329	0,1385	3,700	0,110	3,810	0,5277
30	41,00	0,6097	0,1334	3,800	0,108	3,908	0,5213
31	42,50	0,5882	0,1287	3,900	0,106	4,006	0,5156
32	44,00	0,5682	0,1243	4,000	0,103	4,103	0,5100
33	45,50	0,5495	0,1202	4,102	0,100	4,202	0,5051
34	52,75	0,4739	0,1037	4,417	0,088	4,505	9,4672
35	96,75	0,2583	0,0565	5,119	0,068	5,187	0,2931

Observations.

22. On voit que les vitesses et les quantités d'action fournies par la roue suivent une marche très-régulière, quoique les évaluations des nombres soient poussées jusqu'à la quatrième décimale. Pour reconnaître si les lois ainsi données par les expériences se rapprochaient de celles indiquées par la théorie, nous avons mis en usage le moyen très-expéditif et très-simple des courbes ; et comme d'après les formules établies n°. 4, les pressions ou efforts P exercés sur la roue suivent une loi beaucoup plus facile à vérifier que les quantités d'action qui leur correspondent, nous avons pris ces pressions, ou plutôt les poids soulevés qui leur sont proportionnels, pour les ordonnées de la courbe, et pour abscisses les vitesses ou plutôt les nombres de tours de roue pendant l'unité de temps.

Afin d'obtenir une approximation suffisante, on a représenté par 2 millimètres chaque centième de tour de la roue, et chaque dixième de kilogramme du poids élevé, de façon à pouvoir construire aisément les millièmes de tours et les centièmes de kilogrammes : le nombre des uns et des autres étant donné immédiatement par les colonnes 3 et 7 du tableau, il a été facile d'établir la courbe des poids B M C (*fig.* 7), qui ne se trouve ici représentée que sur une échelle beaucoup plus petite.

Cette courbe ne diffère sensiblement d'une ligne droite qu'à partir de l'ordonnée qui appartient à l'expérience n°. 31 ; dans tout le reste de son cours, les différences ne s'élèvent pas en plus ou en moins au-delà d'un $\frac{1}{4}$ millimètre, représentant d'après l'échelle 25 grammes : ces différences n'étant pas même le centième des poids correspondans, on doit uniquement les attribuer aux erreurs inévitables des observations ; et en effet, pour les faire disparaître entièrement, il suffit d'altérer d'un quart de seconde seulement les nombres portés dans la seconde colonne du tableau, ce qui est tout-à-fait en dehors des évaluations données par l'instrument mis en usage.

23. La théorie exposée (n°. 4), donnant pour calculer les pressions P correspondantes aux différentes vitesses v de la roue la formule

$$P = 2o3,894\,D(V - v)^{\text{kil.}}$$

on voit que la loi générale qu'elle indique se trouve confirmée d'une manière en quelque sorte rigoureuse par toutes les expériences comprises entre les n°s. 1 et 31 du tableau. Quant aux expériences suivantes, dont les résultats s'écartent trop sensiblement de cette loi pour attribuer les différences aux erreurs d'observation, rappelons-nous (8) que la formule ci-

dessus n'a été établie que pour l'hypothèse où les aubes de la roue auraient
une hauteur suffisante pour ne pas laisser échapper l'eau par-dessus : or,
cette hypothèse cesse d'être remplie ici aux environs de l'expérience 31.

Pour le constater, on remarquera que la plus grande hauteur à laquelle
l'eau puisse s'élever dans les courbes en les pressant est ici (13) $0^m,062$,
et que la vitesse $1^m,1028$, qui serait due à cette hauteur , doit, d'après les
raisons données, art. 8 , être égale ou plus grande que la vitesse relative
correspondante de l'eau et de la roue, exprimée par $V-v$. Or, en admettant
que la vitesse de l'eau , à l'instant où elle entre dans la roue , ne diffère
pas beaucoup de celle qui est due à la chute moyenne $0^m,234 - 0^m,015 =$
$0^m,219$, au-dessus du centre de l'ouverture de vanne (21) , hypothèse qui
doit s'écarter fort peu de la réalité, on aura $V = 2^m,0727$ et $V - v = 1^m,1028$,
d'où $v = 0^m,9699$: telle est donc , dans le cas actuel , la vitesse de la roue,
passé laquelle l'eau cesse d'agir, comme le réclame la théorie. La circonférence de la roue étant d'ailleurs de $1^m,59$ environ ; le nombre de tours
qui correspond à cette vitesse est $\dfrac{0^m,9699}{1,59} = 0,61$, nombre qui se rap-
porte à-peu-près à l'expérience trentième du tableau.

24. Au surplus, nous avons déjà fait remarquer (13) que le défaut
d'excentricité de la roue et sa mauvaise construction sont d'autres causes
qui font que , pour les faibles vitesses , le mouvement du système cesse
d'être régulier et uniforme : l'expérience a même appris que , dans toutes
les espèces de roues , le mouvement s'arrêtait long-temps avant le terme
assigné par la théorie ; circonstance qui doit également être attribuée à ce
que l'imperfection des roues de la pratique exerce une grande influence
sur les petites vitesses.

D'après ces diverses réflexions, on pourra donc être surpris que l'accord
de la théorie et de l'expérience se soit maintenu aussi loin pour le cas de
notre appareil; mais on ne saurait l'attribuer au hasard , puisqu'il s'est ma-
nifesté de la même manière dans toutes les séries d'expériences dont nous
avions pris soin de déterminer un grand nombre de termes ; souvent
même les ordonnées de la courbe des poids ne différaient que d'une quantité
tout-à-fait inappréciable de celle d'une véritable ligne droite. Ainsi l'on doit
considérer comme généralement exacts et conformes à l'expérience les
principes d'où nous sommes partis (4) pour établir la théorie de la roue
verticale à aubes courbes : nous verrons d'ailleurs bientôt de nouvelles
confirmations de l'exactitude de nos formules.

25. Si l'on examine les nombres portés à la dernière colonne de droite
du tableau ci-dessus , on remarquera que le *maximum* de quantité d'action

de la roue a eu lieu pour l'expérience 27, répondant à 0,6667 ou $\frac{2}{3}$ de tour de cette roue. Pour comparer cette vitesse à celle qui est assignée par la théorie dans le même cas, il faudrait connaître la vitesse moyenne de l'eau à l'instant où elle entre dans les courbes : or, il n'y a que des expériences directes de la nature de celles qui seront décrites à la fin de ce mémoire, qui puissent nous la donner d'une manière suffisamment exacte ; le moyen employé d'abord par *Smeaton* pour le cas des roues ordinaires conduirait en effet ici à des résultats peu satisfaisans, attendu la forme particulière des aubes.

D'un autre côté, pour connaître la valeur moyenne et absolue de la vitesse de notre roue, correspondante au nombre de tours ci-dessus, il faudrait d'abord savoir à quelle distance du centre de cette roue on doit supposer le centre d'impression moyenne de l'eau : tout ceci rend en conséquence difficile l'évaluation du rapport exact de la vitesse de la roue et de l'eau pour l'instant du *maximum* d'effet.

Or, on peut y arriver d'une autre manière à l'aide des constructions établies ci-dessus (fig. 7). Il est évident, en effet, que si l'on prolonge jusqu'à son intersection en D, avec l'axe A T des abscisses, la ligne droite M C, qui représente la loi des poids donnés par l'expérience, la distance A D de ce point à l'origine pourra être prise, selon l'échelle, pour celle qui exprime le nombre de tours qui répond à une pression nulle exercée par l'eau sur la roue, et par conséquent à la vitesse moyenne de l'eau elle-même. On trouve ainsi que ce nombre est égal à 1',2775, dont le rapport inverse à celui 0,6667, qui répond au *maximum* d'effet, est 0,52 ; ce qui s'écarte très-peu du rapport assigné par la théorie (4) ; encore la légère différence qui a lieu peut-elle être attribuée à l'incertitude qui existe naturellement dans la véritable position du *maximum*, puisque les valeurs des quantités d'action ne varient vers cette position que par degrés presque insensibles, comme l'indique le tableau des expériences.

26. Il nous reste à comparer la quantité d'action fournie par la roue pour le cas du *maximum* d'effet, quantité qui, d'après le tableau, est égale à 0^k5282 élevés à 1^m. par seconde, à celle qui a été réellement dépensée par l'eau motrice.

La quantité d'eau fournie par seconde ayant été, d'après l'expérience (21) de $3^{lit},8942$, ce qui équivaut en poids à $3^k,8942$, il s'agit de multiplier cette quantité par la hauteur due à la vitesse moyenne et effective que possède l'eau à l'instant de son entrée dans les aubes de la roue, afin d'obtenir des résultats comparables avec ceux de la théorie, et avec ceux qui ont été publiés par divers auteurs, notamment par *Smeaton* : nous éprouvons donc ici une difficulté pareille à celle que nous avons rencontrée plus haut (25), sans avoir les mêmes moyens pour la lever.

Toutefois, si l'on veut se contenter d'une approximation , on pourra estimer la vitesse dont il s'agit d'après le nombre de tours qui répond à la roue supposée sans charge et soumise néanmoins à l'action du courant : la construction nous a donné (25) pour ce nombre $1',2775$, qu'il faut maintenant multiplier par la circonférence de la roue répondant au filet moyen de l'eau dans le coursier ; en supposant ce filet placé au milieu de la section, il resterait encore à déterminer la hauteur de cette dernière, ce qui n'est pas facile , puisqu'elle dépend elle-même de la vitesse qu'il s'agit de trouver. Or, en considérant que la hauteur de la section de l'eau à l'endroit de la roue ne doit pas différer beaucoup de celle $0^m,03$, qui appartient à l'ouverture de la vanne , de sorte que la différence , si elle existe , ne peut qu'être une fraction très-petite du rayon moyen qu'on cherche , on sera suffisamment autorisé à prendre , pour ce rayon , la distance du centre de la roue au point qui se trouve placé à $0^m,015$ au-dessus du fond du coursier, sous l'axe de cette roue : la distance jusqu'au fond du coursier, étant d'après les mesures directes, $0^m,251$, le rayon moyen de la roue sera de $0^m,236$, et sa circonférence moyenne de $1^m,483$. Ainsi la vitesse cherchée aura pour valeur $1^m,483$. $1',2775 = 1^m,895$, à laquelle répond la hauteur de chute $0^m,183$: en multipliant donc cette hauteur par la dépense $3',8942$ donnée par l'expérience, il viendra, pour la quantité d'action fournie par l'eau du réservoir, $0^k,7126$ élevés à 1^m. par seconde ; celle *maximum* fournie par la roue , étant $0,5282$, son rapport avec la première sera égal à la fraction $0,741$.

Ce rapport est près de $2\frac{1}{7}$ fois celui qui a été trouvé par *Smeaton* pour les roues ordinaires, et ne s'écarte guère du résultat donné par les meilleures roues hydrauliques connues. La théorie exposée dans la 1re. partie de ce mémoire se trouve donc encore justifiée pour les valeurs absolues des quantités d'action, autant qu'elle peut l'être par l'expérience; car on se rappellera que cette théorie ne tient pas compte de plusieurs circonstances qui ont lieu dans la pratique , telles que la perte due au jeu dans le coursier, le choc de l'eau contre la roue, la vitesse qu'elle conserve après en être sortie, enfin la résistance qu'elle éprouve par son ascension le long des courbes

27. S'il était permis de regarder comme entièrement exacte la vitesse. moyenne $1^m,895$ obtenue ci-dessus , on trouverait, en la comparant à la vitesse $2^m,073$, due théoriquement à la hauteur d'eau $0^m,219$ au-dessus du centre du pertuis, qu'elle n'en est environ que les $0,92$, en sorte que les 8 centièmes de la vitesse de l'eau au sortir de cette vanne se trouveraient perdus par l'effet des résistances et des contractions qu'elle éprouve tant à l'extérieur que dans l'intérieur du réservoir. Nous verrons plus tard,

par des expériences directes, que ces nombres s'écartent très-peu des véritables, et que la différence 0,08 est due principalement à ce que l'eau s'échappe du pertuis avec une vitesse moindre que ne l'indique la théorie. En comparant d'ailleurs les chutes qui répondent aux vitesses $1^m,895$ et $2^m,073$, on trouvera qu'elles sont entre elles dans le rapport de $(1^m,895)^2$ à $(2^m,073)^2$, égal à $(0,92)^2$ ou 0,846 : de sorte que la chute de l'eau à la vanne se trouve affaiblie d'environ 15 centièmes par les causes ci-dessus. Pour comparer également la dépense effective, qui est de $3^k,8942$, à la dépense théorique, on remarquera que l'ouverture du pertuis est ici de 3 centimètres, et sa largeur de 76 millimètres environ; ce qui donne, pour l'aire par laquelle l'eau s'échappe, $0^{m.q},00228$: la vitesse due à la hauteur au-dessus du centre de l'ouverture étant d'ailleurs, d'après ce qui précède, de $2^m,0727$ par seconde, la dépense théorique pendant le même temps sera de $0,00228 \cdot 2,0727 = 0,0047258$ ou de $4^k,7258$ en poids, quantité dont le rapport inverse à celle donnée par l'expérience est $0^m,824$.

28. L'on sera peut-être curieux de savoir si le rapport 0,741 des quantités d'action trouvées au n°. 26 est précisément le coefficient qui doit affecter la formule théorique des pressions P, rappelée au n°. 23. Pour y parvenir, il n'y a pas d'autre moyen que de comparer cette formule à celle qui serait donnée par l'équation de la droite M C (fig. 7) des poids soulevés par la roue. Or, nous avons déjà trouvé que l'abscisse du point D, qui répond à un poids nul, représentait $1^t,2775$ de roue, et d'une autre part la construction donne pour le poids A P, qui correspond à une vitesse nulle de la roue, $7^k,55$: donc on a, en ayant égard aux échelles respectives des ordonnées et des abscisses (22), et t étant d'ailleurs le nombre de tours qui répond à un poids quelconque p soulevé par la roue,

$$p = \tfrac{75500}{12775}(1,2775 - t).$$

Mais (21) et (26), le poids p s'élève à la hauteur $0^m,2188$, tandis que le centre d'impression moyenne de la roue décrit la circonférence, $1^m,483$: donc on a entre p et la pression P exercée sur cette circonférence la relation $p \cdot 0,2188 = P \cdot 1,483$. D'une autre part, v étant en général la vitesse du centre d'impression dont il s'agit, on a $v - 1^m,483\, t$: tirant de là les valeurs de t et de p, et les substituant dans l'équation ci-dessus, elle deviendra, tous calculs faits,

$$P = 0,58797 (1,895 - v)^{kil.}$$

C'est cette équation qu'il faut maintenant comparer avec la suivante,

$$P = 2 m (V - v) = 103,894\, D (V - v)^{kil.}$$

trouvée art. 4, et dans laquelle D exprime le volume de l'eau écoulée pendant une seconde ; mais on a ici (21 et 26),

$$D = 0^m,0038942 V = 1^m,895 ;$$

donc cette équation deviendra,

$$P = 0,794022 \, (1,895 - \nu)^{\text{kil.}}.$$

On voit qu'elle ne diffère absolument de la première que par la valeur des coefficiens, et que le rapport $\frac{0,58797}{0,794022} = 0,740$ de ces coefficiens ne s'écarte que d'un millième de celui 0,741, qui a été trouvé ci-dessus pour les quantités d'action de l'eau et de la roue, relatives au maximum d'effet ; ce qui est un degré d'approximation auquel on ne devait pas s'attendre dans des expériences du genre de celles qui nous occupent.

29. Nous avons cru devoir insister beaucoup sur l'exemple qui précède et l'examiner sous tous les points de vue, parce que les expériences qui le concernent et qui sont représentées par le tableau du n°. 21, ont été faites avec beaucoup de soin, et qu'elles tendent à confirmer d'une manière en quelque sorte rigoureuse les applications du principe des forces vives aux roues hydrauliques, non pas seulement comme on s'est contenté de le faire jusqu'à présent pour les circonstances toutes particulières du *maximum* d'effet de ces roues, mais pour la série entière des effets qu'elles peuvent produire sous l'action d'une même force motrice ; car les résultats qui précèdent prouvent que les mêmes coefficiens sont applicables à toutes les valeurs des formules déduites de ce principe.

Nos vérifications, au surplus, ne se sont pas bornées à ce seul exemple, et nous pourrions en rapporter d'autres si nous ne craignions d'allonger trop ce mémoire, et de nous écarter de l'objet spécial qu'on s'y propose.

30. On se rappellera, en effet, qu'il s'agit de comparer entre elles dans les différens cas les quantités d'action fournies par la nouvelle roue et par l'eau qui agit sur elle, afin de pouvoir apprécier d'une manière exacte les avantages qui peuvent être propres à cette roue, et les circonstances particulières où ces avantages auront lieu par son emploi dans la pratique. Or, nous ne sommes pas encore en état de résoudre ces questions d'une manière satisfaisante, attendu que nous ne connaissons pas avec exactitude la vitesse moyenne de l'eau à l'endroit de la roue, et que c'est néanmoins cette vitesse qu'il faut déterminer (26), si l'on veut obtenir des résultats comparables à ceux de la théorie.

Le moyen employé ci-dessus (26), outre qu'il est long et pénible, est d'ailleurs trop indirect pour qu'on puisse regarder comme suffisamment approchées de la vérité les valeurs auxquelles il fait parvenir : c'est pourquoi la première chose dont nous ayons à nous occuper maintenant est de déterminer par une série d'expériences les circonstances de l'écoulement de l'eau par la vanne et le coursier que nous avons mis en usage ; nous ferons de ces expériences l'objet de la dernière partie de ce mémoire ; et pour compléter celle-ci autant qu'elle peut l'être quant à présent, nous terminerons par donner le tableau des divers résultats d'expériences et des calculs faits sur la roue pour le cas du *maximum* d'effet, en variant les ouvertures de vanne et la hauteur d'eau dans le réservoir, entre des limites assez étendues quant aux dimensions admises pour cette roue.

TABLEAU des résultats d'expériences faites sur la roue, sous différentes charges d'eau et ouvertures de vanne.

NUMÉROS des expériences	HAUTEUR de l'ouverture de la vanne.	HAUTEUR de l'eau au-dessus du seuil de la vanne.	DÉPENSE effective de l'eau en une seconde exprimée en poids.	RAPPORT de la Dépense effective à la Dépense théorique.	NOMBRE de tours de la roue pour le *maximum* d'effet.	VITESSE de la circonférence extérieure de la roue au *maximum*.	QUANTITÉ d'actions *maximum* de la roue.
	m	m.	kil.			ni	
1		0,130	0,9412	0,791	0,4274	0,675	0,0553
2	0,01	0,180	1,1219	0,797	0,5814	0,919	0,0903
3		0,234	1,2778	9,793	0,6849	1,082	0,1351
4		0,100	1,6211	0,803	0,4000	0,632	0,0952
5		0,130	1,9068	0,802	0,4525	0,715	0,1389
6	c,02	0,150	1,9785	0,785	0,4630	0,732	0,1609
7		0,184	2,3439	0,793	0,5495	0,868	0,2284
8		9,234	2,6474	0,790	0,7143	1,129	0,3133
9		0,100	2,4052	0,813	0,3937	0,622	0,1341
10		0,130	2,8527	0,833	0,4464	0,705	0,2140
11	0,03	0,150	2,9677	0,801	0,4762	0,752	6,2559
12		0,180	3,4500	0,841	0,5952	0,940	0,3599
13		0,234	3,8942	0,824	0,6667	1,053	0,5282

Observations.

·Observations.

31. D'après ce qui a été dit précédemment du tableau, il paraît peu nécessaire d'entrer dans des détails sur la formation de ce tableau ; je me contenterai simplement de présenter quelques réflexions sur les anomalies qui se trouvent dans la cinquième colonne, entre les rapports des dépenses effectives et théoriques.

Ces anomalies ont lieu plus particulièrement, comme on voit, pour les ouvertures de vanne de 3 centimètres, correspondantes à de grandes dépenses d'eau : or cela n'offre rien de bien étonnant, si l'on considère qu'il doit alors régner une plus grande incertitude dans l'observation directe des dépenses. On se tromperait néanmoins si on les attribuait à cette seule cause , car les nombres de la cinquième colonne dépendent non-seulement de la dépense effective de l'eau , mais encore de la mesure directe de l'aire de l'orifice, qu'il n'est pas facile d'évaluer dans notre cas , et sur laquelle il suffit de se tromper d'un 30eme. pour obtenir des différences de plusieurs centièmes dans les rapports des dépenses effectives aux dépenses théoriques.

Ces rapports , tels qu'ils sont portés à la cinquième colonne , ne doivent donc point être regardés comme des nombres absolus , d'autant plus que les expériences qui les concernent ont été faites à des époques souvent éloignées de plusieurs jours : en sorte qu'outre l'impossibilité de régler d'une manière constante les hauteurs de la vanne, il a pu encore survenir quelque dérangement dans le système de la charpente. Or, les circonstances de l'écoulement n'ayant pas été les mêmes dans les différens cas , il est impossible que les résultats concordent parfaitement entre eux. Tout ce qu'il nous importe pour le moment de faire reconnaître et admettre , c'est qu'individuellement ces résultats sont tous très-exacts quant à ce qui concerne l'observation directe de la hauteur d'eau et de sa dépense, seules données qui nous soient indispensables pour l'évaluation de la quantité d'action fournie par l'eau , et qui ont toujours été déterminées à plusieurs reprises avec toute la précision désirable dans des expériences de ce genre.

32. Pour ne laisser absolument aucun doute à cet égard , il suffira d'une seule observation : les expériences numérotées 6 et 11 sont celles dont les nombres portés à la cinquième colonne offrent la plus grande anomalie relativement aux expériences voisines, puisqu'ils sont plus faibles de quelques centièmes. Or, ces expériences ont été faites toutes deux le même jour et à une époque éloignée de celle qui appartient aux autres ; et quant au dérangement qui peut survenir dans la charpente du vannage , nous en

5

avons acquis la preuve, lorsqu'au bout d'un certain temps nous avons voulu reprendre la mesure de la largeur du pertuis et du coursier : cette largeur, qui primitivement était de 8 centimètres, s'est trouvée de $0^m,076$ et même de $0^m,074$, de sorte que, par l'effet de l'humidité ou d'autres causes, elle avait varié de plus d'un vingtième.

Dans l'évaluation des nombres de la cinquième colonne, on a cherché, autant que possible, à tenir compte de cette cause d'erreur ; néanmoins, comme elle n'a été observée qu'au bout d'un certain temps, on ne saurait regarder ces nombres comme indiquant avec exactitude les rapports des dépenses effectives aux dépenses théoriques. Nous reviendrons plus tard sur cet objet, en reprenant la série entière des expériences sur l'écoulement, de façon à obtenir des résultats entièrement comparables. Il nous suffit pour le moment d'avoir constaté que les anomalies des nombres de la cinquième colonne du tableau ci-dessus ne sont pas dues entièrement aux erreurs de l'observation dans les dépenses effectives, qui, je le répète, ont toutes été faites avec le plus grand soin et à diverses reprises.

TROISIÈME PARTIE.

Expériences sur les lois de l'écoulement de l'eau dans l'appareil mis en usage.

33. Avant de rapporter les résultats de ces expériences, il est bon de prévenir qu'elles n'ont point été faites dans le même temps ni dans le même local que les précédentes ; des circonstances indépendantes de la volonté, et qu'on a déjà fait connaître au commencement de la deuxième Partie, ont forcé de reporter l'appareil sur un autre cours d'eau : on doit donc, d'après ce qui vient d'être remarqué pour les expériences précédentes, s'attendre à trouver quelque différence entre les nouveaux et les anciens résultats concernant les dépenses d'eau ; mais comme on a mis le plus grand soin à replacer les choses dans leur état primitif ; que d'ailleurs la disposition du réservoir, du vannage et du coursier intérieur ou extérieur n'a pas été changée, on est encore en droit d'attribuer une grande partie de ces différences aux erreurs commises dans l'évaluation de l'ouverture du pertuis, et de regarder ainsi les circonstances et les lois de l'écoulement de l'eau comme exactement semblables sous tous les autres rapports, c'est-à-dire en d'autres termes, que nous regarderons comme les mêmes pour tous les cas les vitesses de l'eau qui appartiennent à une même chute et à une même hauteur de vanne.

Au surplus, lorsqu'on en viendra, par la suite, à tirer de ces expériences la mesure des quantités d'action de l'eau, on aura soin de discuter les différentes causes qui peuvent infirmer ou confirmer les conséquences qu'on se propose d'en déduire, et qui font véritablement l'objet de ce mémoire.

34. Nous avons déjà indiqué comment nous sommes parvenus à déterminer avec une approximation suffisante la dépense de l'eau pendant une seconde, sous différentes chutes et différentes ouvertures de vanne : il nous reste à expliquer comment nous nous y sommes pris pour obtenir la vitesse effective à l'endroit de la roue.

Le moyen le plus ordinairement employé consiste, comme on sait, à se servir d'un moulinet très-léger placé sur le courant ; mais comme ce moyen n'est pas sans inconvéniens dans le cas actuel, et laisse d'ailleurs quelque incertitude sur la mesure de la vitesse moyenne, nous lui avons substitué la méthode des profils, qui est, sans contredit, préférable, puisque l'on connaît la dépense du courant. Voulant d'ailleurs obtenir la section d'eau avec toute l'exactitude possible, nous avons fait préparer deux sortes de *peignes* de la forme exprimée *fig.* 8, et qui se composent d'une pièce de bois prismatique A B, ayant une longueur suffisante pour pouvoir s'appuyer, par ses extrémités, sur la partie supérieure des joues verticales ab et cd du canal ou coursier ; cette pièce est percée perpendiculairement à deux de ses faces de différens trous espacés de 4 à 5 millimètres, propres à recevoir des tiges droites en fil de fer, dont les extrémités inférieures, terminées en pointe, sont destinées à être mises, aussi exactement que possible, en contact avec la surface de l'eau sans y pénétrer ; ce qu'on obtient aisément par l'habitude et lorsque le courant n'éprouve pas de fluctuation sensible.

35. Il est évident qu'à l'aide de ce procédé on peut obtenir très-exactement, soit le profil de la nappe supérieure de l'eau, soit celui du fond du coursier, qu'il est facile ensuite de transporter sur une planchette ou ardoise, en appliquant contre l'une de ses arètes, préalablement bien dressée, la face inférieure de la traverse A B de l'instrument. En supposant d'ailleurs que l'on ait tracé à l'avance sur la planchette les perpendiculaires ab et cd, qui représentent les joues du coursier, de façon à pouvoir faire correspondre exactement l'un au-dessous de l'autre le profil supérieur de l'eau efg et celui bc du fond du coursier, on n'aura plus qu'à calculer l'aire comprise entre ces profils et les droites ab et cd, au moyen de parallèles équidistantes ; ce qui n'exige, comme on sait, qu'une addition et une multiplication à faire.

36. Le quotient de la dépense du courant par l'aire ainsi trouvée donne la vitesse moyenne de l'eau d'une manière absolue et suffisamment appro-

chée ; car on ne peut se tromper au plus que d'un quart de millimètre sur la hauteur de chaque ordonnée du profil, lorsqu'on a acquis l'habitude de ces sortes d'opérations, et l'erreur moyenne doit être moindre encore. Si donc l'épaisseur de la lame d'eau introduite dans le coursier était environ 1, 2 ou 3 centimètres, la totalité de l'erreur commise sur la mesure de l'aire de la section serait moindre que le quarantième, le quatre-vingtième ou le cent vingtième de cette aire; et l'on remarquera que cette erreur sera nécessairement en moins, et tendra par conséquent à augmenter l'estimation des vitesses moyennes de l'eau à l'endroit du profil; car les extrémités des tiges étant nécessairement en contact avec sa surface, les ordonnées de la section sont plutôt faibles que fortes.

Il convient, au surplus, de ne prendre les profils qu'au moment où l'écoulement de l'eau est devenu bien uniforme et présente une nappe, pour ainsi dire, immobile, sans stries et sans fluctuation ; ce qu'on obtient toujours, lorsque la hauteur de l'eau dans le réservoir est bien réglée, et qu'il n'y a aucun obstacle qui s'oppose à son mouvement au sortir de la vanne et dans le coursier. On évitera en outre une grande partie des tâtonnemens nécessaires pour amener les pointes des tiges en contact avec la nappe d'eau, si, au lieu de faire traverser simplement la pièce AB par ces tiges, en les y maintenant à l'aide du frottement, on règle leur enfoncement avec une portion de filets de vis, placée sur chacune d'elles, dans la partie qui répond à cette pièce.

37. Pour ne rien négliger d'essentiel, nous devons rappeler que les joues du coursier qui a servi à nos expériences portent des renfoncemens circulaires R E C, *fig.* 2 et 3, destinés à recevoir les anneaux de la roue, qui forment comme les prolongemens de la partie antérieure de ces joues. Avant donc de commencer aucune expérience sur l'écoulement, nous avons jugé à propos de faire garnir ces renfoncemens par de petites planchettes affleurant exactement les parois du coursier, et cela, afin de placer les choses à-peu-près dans le même état que lorsqu'on opère avec la roue, et d'éviter sur-tout une trop grande déformation dans le profil de la lame d'eau. L'ouverture de la vanne et la hauteur de l'eau dans le réservoir étant alors réglées convenablement, nous avons pu prendre avec quelque exactitude le profil sous l'axe de la roue, en C, C', *fig.* 1, 2 et 3, c'est-à-dire à 11 centimètres environ de la vanne, et en déduire la vitesse de l'eau au même endroit : une opération semblable, répétée près la section contractée, c'est-à-dire à une distance de l'arête supérieure du pertuis, égale à-peu-près à sa demi-hauteur, nous permettait de déduire la plus grande vitesse de l'eau au sortir de ce pertuis : le rapport entre ces deux vitesses était d'ailleurs

assigné immédiatement par le rapport inverse des profils correspondans.

Quoique le calcul de ce rapport et de la vitesse, au sortir de la vanne, ne soit pas indispensable à notre objet, nous avons cru devoir en consigner les résultats dans le tableau ci-après, parce qu'ils peuvent donner lieu à des observations utiles. Par la même raison, nous avons aussi comparé la vitesse de l'eau à l'endroit de la vanne à la vitesse moyenne assignée par les formules connues, laquelle est due, à peu de chose près, comme on sait, à la hauteur du niveau au-dessus du centre de l'ouverture; enfin, pour ne négliger absolument rien de ce qui peut être susceptible de quelque intérêt, nous avons calculé les dépenses théoriques de l'eau et leurs rapports aux dépenses effectives données par l'expérience.

1ᵉʳ. *TABLEAU contenant les résultats d'expériences faites sur l'écoulement de l'eau, pour différentes chutes et une ouverture de vanne d'un centre.* (1).

Nᵒˢ. des expé- riences.	HAUTEUR de l'eau au-dessus du seuil de la vanne.	DÉPENSE		RAPPORT des dépenses ou des vitesses effectives et théoriques à la vanne.	VITESSE de l'eau à la vanne d'après la théorie.	RAPPORT		
		effective de l'eau en litres.	de l'eau d'après la théorie.			des vitesses effectives à la section contractée aux vitesses théoriques.	des vitesses effectives à la roue et à la section contractée.	des vitesses à la roue aux vitesses théoriques.
	m.	lit.	lit.		m.			
1	0,277	1,426	1,756	0,812	2,310	1,002	0,853	0,855
2	0,249	1,343	1,663	0,808	2,188	0,997	0,855	0,852
3	0,227	1,269	1,586	0,800	2,087	0,988		
4	0,197	1,191	1,475	0,807	1,941	0,996		
5	0,182	1,144	1,416	0,808	1,863	0,998		
6	0,170	1,105	1,367	0,808	1,799	0,998	0,858	0,856
7	0,147	1,014	1,268	0,800	1,669	0,987		
8	0,132	0,949	1,199	0,792	1,578	0,977		
9	0,119	0,900	1,131	0,796	1,488	0,982	0,871	0,855
10	0,102	0,825	1,039	0,794	1,367	0,980		
11	0,090	0,773	0,981	0,788	1,291	0,972		
12	0,082	0,727	0,934	0,779	1,229	0,961	0,885	0,851

(1) On remarquera sans peine que les nombres de la septième colonne du tableau sont les

Observations.

38. L'inspection de la cinquième colonne de ce tableau semble indiquer que le rapport de la dépense effective à la dépense théorique, ou, ce qui est la même chose, le rapport de la vitesse effective à la vitesse théorique à la vanne, diminue avec la hauteur de l'eau dans le réservoir; et comme le profil près de la section contractée n'a pas varié d'une manière appréciable dans tout le cours des expériences, on en doit conclure encore que les vitesses effectives de l'eau à la section contractée différaient d'autant plus des vitesses théoriques que la chute était moindre; c'est ce qui est indiqué assez clairement dans la septième colonne, qui contient les rapports de ces vitesses.

On voit d'ailleurs que la diminution de vitesse ne devient bien appréciable que pour les très-petites chutes, ce qui tient sans doute à ce que la section de l'eau, à l'entrée du canal intérieur fgh, $g'h'$ fig. 1 et 2, dont il a été question, article 17, devenait alors très-comparable à l'aire du pertuis. On remarquera, en effet, que le rapport des dépenses effectives aux vitesses et aux dépenses théoriques ne diminue d'une manière bien sensible qu'à partir de la hauteur de chute 17 centimètres : or, cette hauteur ne s'écarte guère de celle fg qu'avaient les taquets qui formaient le canal intérieur. La même observation s'applique d'ailleurs aux résultats d'expériences faites sur les ouvertures de vanne de 2 et de 3 centimètres, qui seront rapportées plus loin.

39. D'après les nombres de la huitième colonne, on peut conclure aussi que l'eau éprouve une grande perte de vitesse de la part du coursier extérieur, et que la pente d'un dixième, qu'on lui a donnée d'après les indications de divers auteurs, est bien loin de suffire pour compenser cette perte, dans le cas actuel, d'une lame d'eau d'un centimètre : toutefois la résistance semble décroître avec la vitesse, conformément à ce que l'on connaît déjà.

40. Nous venons de dire que la section à la veine contractée n'avait pas sensiblement varié dans tout le cours des expériences; nous nous en sommes assurés d'une manière positive, en plaçant l'un des instrumens décrits ci-desus (34) à l'endroit de cette section et l'y laissant à demeure, tandis que l'on faisait varier la hauteur de l'eau dans le réservoir entre les limites des diverses expériences; les pointes des tiges ayant été mises

---

produits de ceux de la cinquième, par le nombre constant 1,2346, qui représente (42) le rapport $\frac{100}{11}$ de l'aire du pertuis à l'aire de la section contractée; comme aussi les nombres de la neuvième colonne sont les produits des nombres correspondans des colonnes 7 et 8.

aussi exactement que possible en contact avec la nappe supérieure de l'eau, dont le profil était une véritable droite horizontale, on observa constamment, soit pour l'ouverture de vanne actuelle , soit pour les diverses autres ouvertures mises en expérience, que les pointes ne cessaient en aucun instant d'affleurer la surface supérieure de l'eau ; seulement, le contact n'avait pas lieu lorsque la hauteur de l'eau dans le réservoir devenait tellement faible que l'écoulement cessait de se faire d'une manière régulière, en un mot, pour des hauteurs qui se trouvaient en dehors des limites de nos expériences.

41. Au surplus, l'eau paraissait suivre exactement les parois du coursier auprès de la vanne, et la contraction ne se manifestait que par un léger abaissement de sa nappe supérieure, dont le profil, avons-nous dit, était une véritable ligne droite ; le plus grand abaissement avait lieu à une distance d'environ 5 à 6 millimètres de l'arête supérieure du pertuis, c'est-à-dire égale environ à la demi-ouverture. Au-delà, le profil de l'eau présentait sur les côtés une légère dépression exprimée en $e'\,f\,g'$, *fig.* 8, qui allait en augmentant vers l'extrémité du coursier ; l'inflexion croissait d'ailleurs avec l'épaisseur de la lame d'eau, comme on le voit par les lignes efg, $e''f''g''$ de la figure.

Il est évident que ces effets doivent être attribués à ce qu'il existait encore une contraction latérale au sortir de l'eau par la vanne, mais intérieure et insensible ; c'est ce qui nous a été prouvé par la suite, lorsque, ayant disposé le pertuis comme l'expriment les *fig.* 5 et 6 et qu'il a été expliqué au n°. 18, nous avons reconnu par l'expérience que, même pour des épaisseurs d'eau de 3 centimètres, la dépression latérale n'avait plus lieu, en sorte que le profil de la nappe supérieure présentait par-tout une véritable ligne droite.

42. L'opération détaillée plus haut (40) nous a conduits à admettre le nombre 0,81 pour le rapport des aires de la section contractée et de l'ouverture du pertuis, en attribuant à ces sections la largeur commune de 76 millimètres, qui est celle même du coursier : ce nombre est, comme on voit, supérieur à celui qui a été obtenu pour le rapport des dépenses effectives et théoriques : or on ne peut répondre de son exactitude à un ou deux centièmes près, attendu que ces centièmes répondent ici à des dixièmes de millimètre, degré d'approximation que l'on ne saurait se flatter d'avoir obtenu dans le résultat des mesures.

D'après cela, et en supposant d'ailleurs exactes les dépenses effectives et la largeur de 76 millimètres, admise pour la section contractée, on voit que les nombres de la septième colonne peuvent différer de quelques centièmes de leur véritable valeur, et qu'en particulier rien ne prouve, dans le cas actuel, que la vitesse à la section contractée soit réellement égale à celle indiquée par la théorie pour les grandes hauteurs d'eau : ce qu'il y a seulement de certain, c'est que l'erreur, si elle existe, doit les affecter tous proportionnellement. On peut appliquer les mêmes observations aux nombres de la huitième colonne ; quant à ceux de la colonne suivante, les plus intéressans de tous pour l'objet de ce mémoire, les erreurs doivent être moindres, puisqu'elles dépendent de la mesure d'une lame d'eau plus épaisse. Conformément à la remarque déjà faite (36), nous sommes fondés à croire que cette erreur ne surpasse pas un quarantième ou même un cin-quantième, et qu'elle tend à augmenter la véritable valeur des nombres de la neuvième colonne.

43. Quoi qu'il en soit, ces nombres prouvent que, bien que les vitesses de l'eau à la contraction soient dans un rapport variable avec les vitesses théoriques, d'une part, et avec les vitesses sous la roue de l'autre ; cependant, par une sorte de compensation, ces dernières sont dans un rapport qu'on peut regarder comme à-peu-près constant avec les vitesses théo-riques, c'est-à-dire avec les vitesses dues théoriquement à la hauteur de l'eau au-dessus de l'orifice : en effet les différences des nombres de la neu-vième colonne ne vont pas au-delà des millièmes.

A la vérité, ces nombres n'ont été calculés que pour cinq termes assez éloignés entre eux ; mais comme les aires des sections de l'eau sous la roue variaient extrêmement peu, et diminuaient cependant d'une manière gra-duelle et continue d'un terme à l'autre, ainsi qu'il a été aisé de le constater par l'observation du profil, il devenait peu nécessaire de resserrer davan-tage ces termes pour obtenir avec une précision suffisante la loi qui leur appartenait : en traçant d'ailleurs la courbe qui représente cette loi pour les diverses hauteurs d'eau, nous avons pu intercaler de nouveaux termes entre les premiers, et reconnaître ainsi que les nombres de la neuvième colonne demeuraient, pour toute la série des expériences, compris entre 0,848 et 0,858. Ainsi donc on peut, dans le cas actuel, regarder comme constante la perte de vitesse éprouvée par l'eau de la part des diverses ré-sistances et contractions intérieures ou extérieures ; le nombre 0,854, moyen entre tous ceux de la neuvième colonne, pourra d'ailleurs être pris pour celui qui doit multiplier les vitesses dues théoriquement aux diverses hauteurs de l'eau au-dessus du centre de l'orifice, et son carré 0,729, qui doit être un peu trop fort (42), pour le nombre par lequel il faudra multi-plier ces mêmes hauteurs, lorsqu'on voudra obtenir les chutes dues aux vitesses effectives de l'eau à l'endroit de la roue.

44. Après ces diverses réflexions, qui étaient nécessaires pour éclairer l'objet du tableau du n°. 37, nous passerons de suite aux expériences qui concernent des ouvertures de vanne de 2 et 3 centimètres de hauteur, et afin d'éviter des répétitions inutiles, nous les présenterons réunies, quoique dans deux tableaux différens.

2ᵉ. *TABLEAU d'expériences sur l'écoulement de l'eau, la hauteur de l'orifice étant de 2 centimètres.*

| Nᵒˢ. des Expérience. | Hauteur de l'eau au-dessus du seuil de la vanne. | DÉPENSE | | Rapport des dépenses ou des vitesses. effectives et théoriques à la vanne. | Vitesses de l'eau à la vanne d'après la théorie. | RAPPORT | | |
		effective de l'eau en litres.	de l'eau d'après la théorie.			des vitesses effectives à la section contractée aux vitesses théoriques.	des vitesses effectives à la roue et à la section contractée.	des vitesses à la roue aux vitesses théoriques.
	m.	lit.	lit.		m.			
1	0,269	2,746	3,426	0,801	2,254	0,971	0,944	0,917
2	0,252	2,726	3,379	0,807	2,179	0,978	0,950	0,929
3	0,212	2,413	3,026	0,797	1,991	0,966	0,962	0,929
4	0,190	2,300	2,872	0,801	1,889	0,971	0,964	0,936
5	0,184	2,244	2,807	0,799	1,847	0,968	0,967	0,936
6	0,172	2,140	2,710	0,790	1,783	0,958	0,971	0,930
7	0,142	1,927	2,446	0,788	1,609	0,955	0,977	0,933
8	0,117	1,735	· 2,202	0,787	1,449	0,954	0,985	0,939
9	0,102	1,586	2,042	0,777	1,343	0,942	1,004	0,946
10	0,082	1,368	1,806	0,757	1,188	0,917	1,020	0,935
11	0,071	1,117	1,676	0,791	1,108	0,887	1,000	0,921

3ᵉ. *TABLEAU d'expériences sur l'écoulement de l'eau, la hauteur de l'orifice étant de 3 centimètres.*

Nᵒˢ. des Expériences.	HAUTEUR de l'eau au-dessus du seuil de la vanne.	DÉPENSE		RAPPORT des dépenses ou des vitesses effectives et théoriques à la vanne.	VITESSE de l'eau à la vanne d'après la théorie.	RAPPORT		
		effective de l'eau en litres.	de l'eau d'après la théorie.			des vitesses effectives à la section contractée aux vitesses théoriques.	des vitesses effectives à la roue et à la section contractée.	des vitesses à la roue aux vitesses théoriques.
	m.	lit.	lit		m.			
1	0,260	4,461	4,998	0,892	2,192	0,963	0,963	0,927
2	0,246	4,304	4,856	0,886	2,130	0,956	0,965	0,923
3	0,227	4,112	4,649	0,884	2,039	0,954	0,969	0,924
4	0,212	3,957	4,482	0,883	1,966	0,953	0,971	0,925
5	0,205	3,890	4,403	0,884	1,931	0,954	0,973	0,923
6	0,192	3,755	4,252	0,883	1,865	0,953	0,978	0,931
7	0,182	3,608	4,127	0,874	1,810	0,943	0,981	0,925
8	0,166	3,434	3,922	0,875	1,720	0,944	0,988	0,933
9	0,152	3,228	3,737	0,864	1,639	0,932	0,995	0,927
10	0,142	3,041	3,596	0,846	1,577	0,913	1,006	0,918
11	0,128	2,897	3,393	0,854	1,488	0,927	1,018	0,944
12	0,111	2,629	3,128	0,840	1,372	0,906	1,026	0,930
13	0,102	2,470	2,980	0,829	1,307	0,894	1,034	0,924
14	0,090	2,244	2,768	0,811	1,214	0,875	1,065	0,931
15	0,082	2,056	2,615	0,786	1,147	0,848	1,083	0,918
16	0,072	1,868	2,415	0,773	1,059	0,834	1,095	0,913

Observations.

45. Ces deux tableaux confirment la plupart des observations qui ont été faites sur le précédent ; la neuvième colonne du tableau nᵒ. 2 semble indiquer, toutefois, que le rapport des vitesses effectives sous la roue aux vitesses théoriques n'est pas constant pour toutes les hauteurs d'eau et qu'il est un peu plus grand pour les petites ; mais nous ne saurions admettre ce résultat, attendu que les expériences qui concernent ce tableau ont été faites dans des circonstances bien moins favorables que celles des deux autres, vu que le temps était moins calme et qu'on a été obligé d'in-

(43)

terrompre souvent la suite des expériences ; les moindres agitations de l'air
suffisent en effet pour donner , dans l'observation des dépenses d'eau , des
différences qui s'élèvent jusqu'au quatre - vingtième et même jusqu'au
soixantième de leur valeur totale.

En ne tenant pas compte d'ailleurs des expériences 1, 8, 9 et 11 du
tableau , dont les résultats offrent les plus fortes anomalies , on sera suffisamment autorisé à regarder comme constans les nombres de la neuvième
colonne , puisque leurs différences ne vont pas à un centième : prenant
donc la moyenne entre tous ces nombres, on trouvera qu'elle est égale à
0,9285, dont le carré 0,862 exprime, comme nous l'avons déjà expliqué (43), le rapport moyen de la hauteur due aux vitesses effectives de
l'eau, à l'endroit de la roue, aux hauteurs correspondantes de l'eau dans
le réservoir , prises à partir du centre de l'orifice d'écoulement.

46. En traitant de la même manière les nombres de la neuvième colonne
du troisième tableau, et rejetant ceux qui répondent aux expériences 10,
11, 15 et 16, qui présentent évidemment des anomalies, on trouvera ,
pour le rapport moyen des vitesses à la roue aux vitesses théoriques correspondantes , 0,9274, et pour celui des hauteurs dues à ces vitesses ,
0,860. Ces nombres ne diffèrent, comme on voit, que dans les millièmes
de ceux qui précèdent, et l'on en sera étonné au premier aperçu, vu leur
grande différence avec les nombres correspondans, trouvés pour une ouverture de vanne d'un centimètre.

Cependant, si l'on considère, d'une part, que la résistance de l'eau dans
le coursier extérieur doit décroître avec la grandeur de la section, et d'une
autre, que les pertes de vitesses dues aux résistances et aux contractions
dans le canal intérieur (18) doivent augmenter avec l'ouverture de vanne
ou la vitesse qu'acquiert l'eau avant d'y parvenir , on concevra sans peine
que, dans certains cas, il puisse se faire une sorte de compensation entre
ces deux effets, qui s'ajoutent nécessairement dans le résultat final ; c'est
ce qui, au surplus, est indiqué assez clairement par les colonnes 7 et 8 de
nos trois tableaux.

47. Avant d'aller plus loin, nous ferons remarquer que le rapport
constant des aires de la section contractée et de l'ouverture de vanne a
été trouvé, d'après les résultats moyens de plusieurs expériences, de 0,825
pour le cas du deuxième tableau , et de 0,927 pour celui du troisième ,
nombres que nous regardons comme un peu trop forts (36), quoique ne
s'écartant pas, le premier, d'un centième et demi , et le second, d'un centième de sa valeur véritable. Pareille observation est applicable aux nombres des colonnes 7 , 8 et 9 des deux derniers tableaux , et par conséquent

6.

à ceux des articles 45 et 46 qui s'en déduisent. Les chiffres de la huitième colonne ont d'ailleurs été obtenus à l'aide de neuf profils établis près de la roue, pour le cas du deuxième tableau, et à l'aide de onze profils pareils pour celui du troisième.

A cet effet, on a d'abord calculé les rapports des aires de ces profils à celui de la section contractée ; prenant ensuite ces rapports pour ordonnées, et pour abscisses les hauteurs d'eau correspondantes de la deuxième colonne, on a construit une série de points à travers lesquels on a tracé une courbe régulière et continue, s'écartant extrèmement peu de ces points, et représentant ainsi avec une précision suffisante la loi véritable des rapports déduits de l'expérience. C'est d'après cette loi qu'ont été calculés les nombres de la huitième colonne des tableaux, nombres dont la valeur ne s'écarte pas au-delà de 0,006 de ceux de l'expérience, pour les termes qui répondent aux diverses mesures des profils.

48. La même construction nous a de plus fait reconnaitre que la courbe obtenue s'écartait extrèmement peu d'une hyperbole équilatère, ayant l'axe des ordonnées pour l'une de ses asymptotes, et une parallèle à l'axe des abscisses pour l'autre asymptote. Par exemple, si l'on retranche le nombre constant 0,91 de tous ceux de la huitième colonne du tableau n°. 3, et qu'on multiplie les différens restes par les hauteurs d'eau correspondantes, données par la deuxième colonne, on trouvera que les produits ainsi formés ne diffèrent pas en général d'un vingtième de leur valeur moyenne 0,01341, soit en plus, soit en moins, de sorte que, divisant de nouveau cette valeur moyenne par les différentes hauteurs de chutes, et ajoutant au quotient le nombre constant 0,91, qu'on avait retranché d'abord, les nombres qui en résulteront ne différeront, à leur tour, que dans les millièmes de ceux qui leur correspondent respectivement dans la huitième colonne du tableau. Une semblable observation est applicable aux tableaux n°^{os}. 1 et 2.

Cette circonstance, jointe à ce que le rapport des vitesses sous la roue aux vitesses théoriques, donné par la dernière colonne des tableaux, est constant, permet de représenter par des formules générales les différens résultats de nos expériences. A cet effet, nommons

a, la hauteur de l'orifice ou de l'ouverture de vanne ;

b, sa largeur et S son aire ;

S', l'aire de la section contractée ;

H, la hauteur du niveau de l'eau au-dessus du seuil de la vanne ;

$h = \mathrm{H} - \frac{a}{2}$ la hauteur de ce même niveau sur le centre de l'orifice ;

K, le rapport des dépenses effectives et théoriques ;

$\left.\begin{array}{c} D \\ D' \end{array}\right\}$ ces dépenses respectives;

V, la vitesse moyenne effective de l'eau à la section contractée;

V', la vitesse de l'eau due théoriquement à la hauteur h;

V'', la vitesse moyenne effective de l'eau sous la roue;

A, le rapport constant de cette dernière vitesse à la vitesse théorique, rapport qui est donné par la neuvième colonne (43 , 45 et 46);

B, la quantité constante retranchée des nombres de la huitième colonne, et qui est telle que le produit des restes par les hauteurs H données par la deuxième colonne est lui-même invariable;

C, enfin , le produit invariable dont il s'agit;

On aura , d'après ce qui précède, en nommant à l'ordinaire g la gravité ,

$$A \frac{V''}{V'} =, \quad H \left(\frac{V''}{V} - B \right) = C, \qquad D = K D' = K S V' ,$$

$$D = S'V, \quad D' = SV', \quad V' = \sqrt{2gh} = \sqrt{2gH\left(-\tfrac{a}{2}\right)};$$

D'où l'on tire entre autres ,

$$\frac{V}{V'} - K \frac{S}{S'} = \frac{AH}{C+BH}, \quad K = \frac{S}{S'} \frac{AH}{C+BH},$$

$$D = S' \frac{AH\sqrt{2g\left(H-\tfrac{a}{2}\right)}}{C+BH} = S' \frac{A\left(h+\tfrac{1}{2}a\right)\sqrt{2gh}}{C+B\left(h+\tfrac{1}{2}a\right)}.$$

Ces formules sont susceptibles de représenter les valeurs des tableaux avec une précision comparable à celle des expériences mêmes, par une détermination convenable des constantes qui y entrent.

Par exemple, dans les cas d'une ouverture de vanne de 3 centimètres, on a (46 , 47 et 48)

$$S = 0^m,030 . 0^m,076, \quad S' = 0^m,0278 . 0^m,076, \quad A = 0,927$$

$$B = 0,91, \quad C = 0,01341.$$

Substituant ces valeurs, il viendra

$$K = \frac{0,94398 H}{0,01474 + H}, \quad D = \frac{0,0021523H}{0,01474+H} \sqrt{2g(H-0,015)},$$

formules qui redonnent les nombres des cinquième et troisième colonnes du troisième tableau, à un centième près de leurs valeurs.

49. Ces différentes formules ne sauraient s'appliquer d'ailleurs directement aux cas ordinaires de la pratique, attendu que les constantes qui y entrent sont des fonctions inconnues des diverses données, et que les dispositions particulières admises (18) ne doivent point être employées, puisqu'elles font perdre une portion notable de la vitesse de l'eau au sortir de la vanne. Nous ne les avons présentées que pour faire apprécier le degré de précision apporté dans les expériences, et pour inspirer la confiance nécessaire dans les résultats qu'on se propose d'en déduire ; peut-être aussi qu'elles pourront servir, par la suite, à éclaircir quelque point encore obscur de la théorie des fluides. On ne doit pas oublier que notre objet essentiel est ici de constater la perte de vitesse éprouvée par l'eau de la part des diverses résistances inhérentes à l'appareil mis en usage. Dans la section suivante, nous examinerons quel est le rapport de la quantité d'action transmise réellement à la roue à celle qui est possédée par l'eau, à l'instant où elle commence à agir, et nous discuterons toutes les causes qui ont pu influer sur les résultats, de façon à ce qu'il ne reste aucune incertitude sur le degré d'avantage que peuvent présenter, dans la pratique, les roues dont il s'agit.

QUATRIÈME PARTIE.

Recherche de la quantité d'action transmise, dans les divers cas, par les roues à aubes courbes.

50. Les résultats obtenus dans le précédent paragraphe, nous mettant en état de calculer immédiatement les vitesses que possède l'eau à l'instant où elle agit sur la roue, il serait aisé d'en conclure la portion d'effet transmise par celle-ci, en se servant des nombres portés au tableau de l'article 30 ; mais il sera à propos de discuter auparavant quelques points de difficulté, sur lesquels nous avons déjà eu le soin d'appeler l'attention du lecteur.

En premier lieu, on a remarqué (43 et 46) que les rapports des vitesses effectives de l'eau, à l'endroit de la roue, aux vitesses dues théoriquement à la hauteur de l'eau, au-dessus du centre de l'orifice, se trouvaient peut-être estimés un peu trop haut, d'après la nature des opérations mises en usage : or il en résulte que les quantités d'action de l'eau, qui seront déduites de ces rapports, pourront également être un peu plus fortes que les véritables ; l'erreur, si elle existe, sera donc tout entière à l'avantage des conséquences qu'on cherche à établir dans ce mémoire.

En second lieu, nous avons aussi remarqué (33) qu'attendu que les dernières expériences n'ont point été établies dans le même temps ni dans le même local que celles qui avaient pour objet la mesure de la quantité d'action transmise par la roue, les anciennes et les nouvelles dépenses ne pouvaient concorder exactement entre elles ; c'est ce qu'on peut voir, en effet, par la comparaison des trois derniers tableaux avec celui de l'article 3o, dans lequel les dépenses sont généralement plus faibles, sur-tout pour les ouvertures de vanne de 3 centimètres. Nous croyons avoir établi (3i et suivans) par l'exemple même des anomalies que présentent le tableau du n°. 3o, que les différences ne peuvent être attribuées qu'en bien faible partie, aux erreurs commises sur la mesure effective des dépenses et des hauteurs d'eau, mais qu'elles proviennent principalement de ce que l'on n'est pas certain d'avoir obtenu, dans les différens cas, les mêmes ouvertures d'orifice, attendu la difficulté de régler convenablement ces ouvertures et d'empêcher qu'elles ne varient, après un certain temps, par l'effet de différentes causes.

5i. Enfin nous avons également remarqué au commencement de la troisième partie, que les circonstances de l'écoulement n'ont pas dû varier d'une manière sensible pour les mêmes hauteurs d'eau et les ouvertures de vanne qu'on a supposées égales, de sorte que les vitesses seraient restées à-peu-près les mêmes dans les deux séries d'expériences, aussi bien que les pertes qu'elles éprouvent de la part des résistances et des contractions : nous pourrions donc appliquer immédiatement les résultats de la troisième partie de ce mémoire à la recherche des quantités d'action conservées par l'eau à l'extrémité du coursier ; mais comme, tout en admettant l'exactitude de la mesure des dépenses dans les divers cas, on pourrait être tenté de rejeter une partie des anomalies sur l'altération des vitesses à la sortie du pertuis, il convient d'examiner l'influence qui pourrait être due à cette dernière cause, indépendamment des erreurs commises dans l'estimation de la grandeur des orifices.

Or, puisque les expériences qui concernent le tableau de l'article 3o ont donné, pour les mêmes hauteurs d'eau et des orifices supposés égaux, des dépenses en général plus faibles que leurs correspondantes dans les trois derniers tableaux, il faudrait supposer que la vitesse, à l'entrée du coursier, eût été aussi sensiblement moindre dans les premières expériences, par suite de résistances intérieures et de contractions plus fortes ; mais les huitièmes colonnes de nos trois derniers tableaux, comparées aux troisième et sixième colonnes, prouvent que si l'on introduit dans le même coursier deux lames d'eau, dont l'une ait une vitesse et une masse sen siblement plus grandes que l'autre, par exemple de plusieurs centièmes, les vitesses acquises respectivement au bout du coursier conserveront encore entre elles le même ordre de grandeur que les vitesses primitives : donc on serait conduit à admettre que la vitesse moyenne de l'eau sous la roue a dû être moindre, toutes choses égales d'ailleurs, pour les premières expériences que pour les dernières ; nouvelle conséquence qui est entièrement à l'avantage des propositions que nous cherchons à établir pour notre roue, puisque les dépenses portées au tableau du n°. 3o sont d'ailleurs exactes, et que l'évaluation des vitesses sous la roue, tend à augmenter les hauteurs des chutes, et par conséquent les quantités d'action de l'eau.

52. Ainsi, sous tous les rapports, nous nous croyons en droit d'établir le tableau suivant des quantités d'action de la roue, comparées à celles que possédait l'eau à l'instant d'agir : c'est ce qui sera d'ailleurs prouvé *à posteriori* par la régularité qui se trouve observée dans les lois des résultats.

Dans ce tableau, d'ailleurs, les nombres de la quatrième colonne ont été déduits de ceux qui leur correspondent dans la troisième, en les multipliant respectivement par les nombres déterminés aux articles 43, 45 et 46 de la troisième partie de ce mémoire ; les vitesses effectives, qui se trouvent portées à la colonne suivante s'en déduisent naturellement : quant à la formation des autres colonnes, elle ne présente aucune difficulté d'après le tableau déjà dressé au n°. 3o des vitesses et des quantités d'action de la roue.

TABLEAU

TABLEAU des quantités d'action et des vitesses de l'eau et de la roue, pour le cas du maximum d'effet.

Nos. des Expériences.	HAUTEUR			VITESSE		QUANTITÉ		RAPPORT	
	de l'ouverture de la vanne.	de l'eau au-dessus du seuil de la vanne.	due à la vitesse effective de l'eau sous la roue.	effective de l'eau sous la roue.	de la circonférence extérieure de la roue.	d'action effective de l'eau à son entrée dans la roue.	d'action *maximum* fournie par la roue.	entre les vitesses de la roue et celles de l'eau.	entre la quantité d'action de la roue et celle de l'eau.
	m.	m.			m.	k. m.	k. m.		
1	m. c 0,01	0,130	0,091	1,386	0,675	0,0856	0,0553	0,505	0,646
2		0,180	0,128	1,582	0,919	0,1436	0,0903	0,581	0,629
3		0,234	0,167	1,810	1,082	0,2134	0,1351	0,600	0,633
4	0,02	0,100	0,786	1,234	0,632	0,1274	0,0952	0,512	0,747
5		0,130	0,103	1,424	0,715	0,1964	0,1389	9,502	0,707
6		0,150	0,121	1,539	0,732	0,2394	0,1609	0,476	0,672
7		0,184	0,150	1,715	0,868	0,3516	0,2284	0,506	0,650
8		0,234	0,193	1,947	1,129	0,5109	0,3133	0,580	0,613
9	0,03	0,100	0,073	1,204	0,622	0,1756	0,1341	0,513	0,764
10		0,130	0,099	1,393	0,705	0,2824	0,2140	0,506	0,758
11		0,150	0,116	1,506	0,752	0,3443	0,2559	0,499	0,743
12		0,180	0,142	1,668	0,940	0,4899	0,3599	0,563	0,735
13		0,234	0,188	1,922	1,053	0,7321	0,5282	0,548	0,721

Observations.

53. On voit, par les nombres de la neuvième colonne, que le rapport de la vitesse de la circonférence extérieure de la roue, pour le cas du *maximum* d'effet, à la vitesse effective de l'eau au moment où elle va y entrer, ne s'éloigne guère du nombre 0,50 qui est indiqué par la théorie (4) : seulement il semble généralement être un peu plus fort ; mais on doit considérer que ce n'est pas la vitesse de la circonférence extérieure de la roue que l'on aurait dû prendre pour lui comparer la vitesse de l'eau, mais bien celle de la circonférence qui répond au centre d'impression moyenne de cette eau ; ce qui eût nécessairement fait diminuer les nombres de la neu-

7

vième colonne. Au surplus, la détermination de la vitesse propre au *maximum* d'effet présente en elle-même une assez grande incertitude pour qu'on puisse attribuer les légères différences remarquées dans le tableau aux erreurs mêmes de l'observation; sous ce point de vue donc, la théorie se trouve confirmée, aussi bien que les différens résultats d'expériences faites pour mesurer la vitesse de l'eau dans le coursier.

54. La 10e. colonne du tableau, qui renferme le rapport des quantités d'action de la roue et de l'eau, est celle qui présente le plus grand intérêt sous le point de vue de la pratique. On voit en effet que ce rapport n'est jamais au-dessous de 0,6, tandis qu'il s'élève, dans certains cas, au-delà de 0,75; or ce rapport dans les roues ordinaires, étant, d'après *Smeaton* $=0,30$ moyennement, on voit que notre roue placée dans les mêmes circonstances, produira en général, un résultat qui sera compris entre 2 fois et 2 fois $\frac{1}{2}$ celui de ces dernières roues, et qui ne s'éloignera pas beaucoup du résultat donné par les meilleures roues hydrauliques connues. En se rappelant d'ailleurs (13) que la roue offrait un assez grand jeu dans le coursier, et en remarquant que la perte occasionnée par ce jeu, devient d'autant plus sensible que la section de l'eau est moindre, on se rendra compte, en partie, de la diminution que présentent les nombres de la 10me. colonne pour les petites ouvertures de vanne, quand on les compare à ceux des ouvertures plus grandes et qui appartiennent aux mêmes chutes; de sorte qu'on sera fondé à croire que, pour une roue mieux construite, les résultats eussent été sensiblement plus forts.

55. Maintenant on remarquera que pour une même ouverture de vanne, l'effet produit par la roue à aubes courbes, diminue un peu à mesure que la hauteur d'eau dans le réservoir ou sa vitesse dans le coursier augmente; ce qui tient probablement à ce que la perte de force due à la résistance de l'eau contre les courbes, devient elle-même plus considérable; mais comme, d'un autre côté, cette résistance doit proportionnellement décroître quand la masse d'eau augmente, on est fondé à admettre qu'en grand, les résultats donnés par une roue de la même espèce bien construite, seront au moins aussi avantageux qu'en petit; en sorte qu'on peut prendre le nombre 0,75 pour représenter le rapport des quantités d'action fournies par la roue et par l'eau, pour les petites chutes et fortes dépenses, par exemple, pour des chutes au-dessous de 2 mètres avec des ouvertures de vanne de 15 à 25 centimètres de hauteur; tandis qu'on pourra supposer ce même rapport seulement égal à 0,65, pour le cas contraire d'une grande chute et d'une petite ouverture de vanne.

Si d'ailleurs on voulait tenir compte du jeu qui existe dans le coursier, on pourrait, sans s'éloigner beaucoup de la vérité, prendre le nombre 0,80 pour les petites vitesses et 0,70 pour les grandes.

56. On se rappellera à ces différens sujets, que, vu la nature particulière de l'appareil que nous avons mis en usage, il nous était impossible de faire des expériences sur des hauteurs d'eau beaucoup plus fortes que celles de 24 centimètres, attendu que (8 et 13) l'eau aurait cessé dès-lors de produire sur la roue l'effet dont elle est susceptible. Nous ne nous dissimulons pas au surplus que ces différens résultats demandent à être vérifiés par des expériences plus en grand ; c'est ce que nous nous proposons de faire dès que l'occasion s'en présentera.

Comme ces résultats sont d'ailleurs uniquement relatifs aux quantités d'action de la roue, comparées à celles absolues de l'eau à l'instant où elle agit sur cette roue, et qu'il arrive souvent, dans la pratique, qu'on les compare aux quantités d'action dues à la chute totale de l'eau, comprise depuis le niveau du réservoir jusqu'au bas de la roue, il convient que nous examinions les choses sous ce dernier point de vue.

57. Nous avons déjà fait observer (18) que, par une disposition convenable de la vanne et du coursier de notre appareil, on pouvait aisément obtenir que l'eau, en sortant du pertuis, acquît une vitesse égale à celle qui est indiquée par la théorie, et ne donnât lieu à aucune contraction sensible sur les côtés et le fond du coursier : il ne reste donc plus qu'à examiner la perte de vitesse qui pourra être occasionnée par suite du seul frottement de l'eau contre les parois de ce coursier.

Cette question serait toute résolue si l'on voulait admettre, avec *Bossut*, que l'inclinaison du 10e. donnée au coursier, est nécessaire pour restituer continuellement à l'eau la perte de vitesse qu'elle éprouve de la part du frottement ; mais on ne doit pas oublier que les expériences de *Bossut* ne concernent que des lames d'eau de 1 et 2 pouces d'épaisseur sur 5 de largeur, avec des vitesses qui n'ont jamais été moindres que $2^m,50$, et s'élevaient jusqu'à 4 mètres : or il paraît résulter de beaucoup d'autres expériences, que l'augmentation de la masse de l'eau et la diminution de sa vitesse ont une influence très-grande sur l'affaiblissement de la résistance due au frottement.

58. L'inspection des 8mes. colonnes des tableaux des art. 37 et 44, conduit à une conséquence semblable ; car les nombres de ces colonnes montrent clairement que la diminution de la vitesse de l'eau, dans son passage à travers le coursier, est d'autant moindre que sa section est plus grande et sa vitesse plus faible : on doit même remarquer que la loi qui existe entre ces nombres assigne, pour chaque ouverture de vanne, une limite

inférieure assez grande au décroissement de la vitesse de l'eau dans le coursier par suite des résistances; car si l'on suppose, par exemple, H ou la hauteur de chute infinie dans la formule de l'art. 48, qui représente ces nombres pour une ouverture de vanne de $0^m,03$ centimètres, on trouvera que la limite est 0,91, c'est-à-dire que la vitesse de l'eau à l'extrémité du coursier employé ne serait jamais moindre que les 0,91 de celle qui a lieu à l'entrée.

59. D'après ces diverses considérations, on est fondé à croire que la pente d'un dixième n'est nécessaire pour restituer à l'eau la vitesse qu'elle perd par son frottement dans le coursier, que pour les petites sections d'eau et les grandes vitesses : par exemple, pour des sections au-dessous de 8 centimètres de profondeur, sur 50 centimètres de largeur, et des vitesses qui surpasseraient 4 mètres : dans tout autre cas, cette pente sera nécessairement moindre. L'on voit en effet journellement des conduites servant à amener l'eau au-dessus des roues de moulins, dont la pente n'est que d'un 30e. pour des lames d'eau de 8 centimètres de profondeur, sur 50 de largeur seulement, avec des vitesses de 2 à 4 mètres, et dans lesquelles néanmoins cette vitesse n'éprouve aucune perte sensible, puisque la section reste à-peu-près la même dans toute la longueur du canal ; l'essentiel est sur-tout d'éviter la contraction à l'entrée.

Quant aux ouvertures de vanne ou sections d'eau plus fortes, par exemple de 15 à 25 centimètres de hauteur sur plus de 50 de large, il semblerait résulter de quelques observations particulières, qu'on ne risquerait guère de se tromper en adoptant la pente d'un 20e., pourvu que la vitesse ne surpassât pas 6 mètres, ou que la chute fût moindre que 2 mètres.

60. En adoptant cette donnée, on peut calculer approximativement la quantité d'action qui sera réellement transmise à notre roue dans le cas dont il s'agit. Supposant d'ailleurs que la vanne inclinée comme l'exprime la figure 1re., et disposée de manière à éviter la contraction (18), la distance du pied de cette vanne au rayon vertical de la roue soit de $1^m,4$, ce qui n'aura lieu que pour des roues de 5 à 6 mètres de diamètre ; la hauteur de pente à donner à cette partie du coursier pour conserver à l'eau sa vitesse primitive, sera, d'après ce qui précède, de 7 centimètres. Cela posé, si l'on considère seulement une chute de $1^m,50$ au-dessus du centre de l'orifice, qui lui-même aurait 20 centimètres de hauteur, on trouvera que la chute totale, depuis le niveau du réservoir jusque sous la roue, sera de $1^m,50 + 0^m,10 + 0^m,07 = 1^m,67$: cette chute se trouvant donc réduite à $1^m,50$, qui est celle due réellement à la vitesse de l'eau

dans le coursier, la quantité d'action dépensée contre la. roue ne sera plus que les $\frac{1,50}{1,67}=0,899$ de celle qui est due à la chute totale $1^m,67$:

Nous avons vu (55) que la roue pouvait rendre les 0,75 de cette quantité d'action : ainsi la quantité d'action réellement utilisée se trouvera réduite à $0,75.0,899=0,674$, c'est-à-dire aux $\frac{2}{3}$ environ de la quantité d'action due à la chute totale de l'eau ; proportion qui surpasse probablement celle qui serait fournie par les roues à augets ordinaires, dans le cas particulier dont il s'agit ici, et qui, à plus forte raison, est supérieure à celle des roues dites de *côté*.

61. Si nous supposons maintenant que, toutes les autres données restant d'ailleurs les mêmes, l'ouverture seule de la vanne soit changée et réduite à 10 centimètres, on trouvera, par des calculs semblables à ceux qui précèdent, et en attribuant au coursier la pente d'un 10e., qui paraît assez nécessaire pour conserver à l'eau sa vitesse ; on trouvera, dis-je, que la quantité d'action conservée à l'eau sera les $\frac{1,50}{1,69}=0,888$ de la quantité d'action due à la chute totale ; la roue n'en transmettant qu'environ 0,65 suivant le n°. 55, on voit que la portion réellement utilisée sera les 0,577 de la quantité d'action due à la chute totale.

Les rapports qu'on vient de trouver augmenteraient d'ailleurs un peu avec les hauteurs d'eau dans le réservoir, parce que l'influence de l'ouverture du pertuis serait plus faible : par exemple, pour des chutes de 2 mètres, ils deviendraient respectivement 0,7 et 0,6 environ ; néanmoins on doit considérer ces nombres comme des limites qui ne peuvent guère être dépassées, à cause que la résistance éprouvée par l'eau dans le coursier doit augmenter avec la hauteur ou la vitesse.

62. Pour voir à-peu-près ce que ces nombres deviennent pour de petites hauteurs d'eau dans le réservoir, par exemple, pour des hauteurs de 0,80, nous remarquerons qu'il suffira probablement d'incliner au vingtième le coursier, dans le cas d'une ouverture de vanne de 10 centimètres, et au trentième pour celui d'une ouverture de 20 centimètres et plus ; de sorte que la hauteur de pente du coursier sera d'environ 7 centimètres pour le premier cas, et de 5 centimètres pour le second : on trouvera ainsi, en raisonnant comme précédemment, que les quantités d'action transmises respectivement par la roue seront les 0,566 et les 0,630 des quantités d'action dues à la chute totale, comptée à partir du niveau de l'eau dans le réservoir jusqu'au point le plus bas de la roue.

63. Les résultats qui précèdent ne doivent pas être considérés comme rigoureusement exacts, mais comme approchant de la vérité, et propres à faire connaître l'influence respective de la hauteur de chute et de l'ou-

verture de vanne, sur les quantités d'action effectivement transmises par la roue : ils montrent, en effet, qu'il y a généralement un grand avantage à donner au pertuis et au coursier une hauteur un peu forte, sur-tout pour les chutes au-dessus de o^m,8o, et qu'il faut se garder de trop élargir le coursier aux dépens de cette hauteur, comme on le fait souvent pour les roues ordinaires.

En effet, dans ce dernier cas, la perte d'effet due au jeu de la roue, et celle due à la résistance éprouvée par l'eau de la part du coursier, peuvent être plus que compensées par l'avantage qu'il y a d'augmenter la vitesse de l'eau à sa sortie du réservoir, et à la faire agir sur une petite portion des ailes, de manière à augmenter la pression qu'elle exerce en remontant le long de ces ailes. Or, dans le cas des roues à aubes courbes, cette dernière augmentation ne saurait évidemment avoir lieu.

Pour faire sentir toute l'influence du jeu de la roue dans le coursier lorsque la lame d'eau motrice est mince, il suffit de considérer que ce jeu surpasse généralement 3 centimètres dans les roues en bois, même bien construites, ce qui occasionne une perte d'environ un tiers sur la quantité d'action totale de l'eau quand la hauteur de celle-ci dans le coursier est de 10 centimètres; elle serait encore d'un sixième pour une hauteur d'eau de 20 centimètres. Cet exemple est bien propre à faire apprécier l'importance qu'il y a de diminuer le plus possible le jeu dont il s'agit, dans les cas des roues qui prennent l'eau par-dessous, et à montrer les avantages des roues en fonte bien construites, sur les autres.

64. En résumé, on doit être convaincu, d'après tout ce qui précède, que pour les petites chutes, c'est-à-dire pour les chutes qui ne surpassent pas 2 mètres, la roue à aubes courbes produira des effets qui seront comparables à ceux des meilleures roues connues, et seront supérieurs de beaucoup à ceux des roues à ailes ordinaires, puisqu'elle pourra donner, dans les mêmes circonstances, une quantité de travail qui ne sera jamais inférieure au double de celui de ces dernières. Sa simplicité, jointe à ce qu'elle offre une grande vitesse et peut s'appliquer par-tout, la fera sans doute préférer aux roues de côté dans la plupart des cas, et sur-tout dans ceux où les chutes seraient au-dessous de 2 mètres, puisqu'elle produira alors des effets plus considérables.

*ADDITIONS au Mémoire sur les roues verticales à aubes courbes :
par M.* Poncelet.

Ce mémoire, tel qu'il se trouve inséré dans le *Bulletin* de la Société d'Encouragement, contient quelques changemens et améliorations que j'ai eu occasion d'y apporter depuis l'époque de sa présentation à l'Académie royale des sciences. Ces changemens concernent principalement la partie théorique et entre autres l'inclinaison des aubes courbes sur la circonférence extérieure de la roue, qui avait été fixée d'abord entre 10 et 15 degrés, proportion trop faible en général et qui ne convient, comme on l'a vu n°s. 7 et 9, qu'au seul cas où la lame d'eau introduite dans le coursier embrasserait la roue sous un arc fort petit, au-dessous de 15 degrés, par exemple. L'expérience est venu constater cette remarque, à laquelle conduit également le raisonnement, dans l'exécution d'une roue à aubes courbes, dirigée par M. *Marin*, de Briey, près de Metz.

Ce fabricant ayant établi dans ses filatures une roue dont les courbes formaient un très-petit angle avec la circonférence extérieure, il obtint d'excellens résultats lorsque la lame d'eau introduite dans le coursier avait seulement 3 à 4 pouces d'épaisseur ; mais quand on donnait beaucoup plus d'eau, elle ne pouvait entrer toute dans les augets, et l'effet diminuait au lieu d'augmenter. M. *Marin*, qui, du reste, ne m'avait point consulté, et s'était simplement dirigé d'après une notice insérée dans le *Recueil* de la Société académique de Metz, fit disparaître cet inconvénient en inclinant moins les aubes sur la circonférence de la roue : le résultat fut un tiers de plus d'ouvrage qu'avec l'ancienne roue qui, d'ailleurs, était bien construite, puisque les palettes inclinées aux rayons étaient enfermées entre des anneaux et se mouvaient dans une portion circulaire du coursier. D'après les renseignemens qui m'ont été transmis par M. *Marin* lui-même, car j'ai le regret de n'avoir pu me rendre sur les lieux, le vannage n'aurait point été incliné en avant, et l'on aurait négligé diverses précautions de détail consignées dans le mémoire.

Au surplus, il est essentiel de remarquer que l'inconvénient ci-dessus ne s'est point rencontré dans les expériences relatives au modèle de roue représenté *fig.* 1, 2 et 3 : l'on avait en effet donné aux courbes une inclinaison de 30 degrés sur la circonférence extérieure de la roue, ce qui suffisait à toutes les épaisseurs des lames d'eau successivement introduites dans le coursier. La même observation est à faire relativement à une autre roue exécutée en grand par M. *Robert*, maître des forges de Falck, département de la Moselle. Cette roue a été construite par des ouvriers de campagne, d'après le dessin même du modèle qui a servi aux expériences; elle a été appliquée à un petit moulin à farine qui allait anciennement au moyen d'une roue à augets et d'une chute assez forte; mais le propriétaire en ayant dérivé une partie des eaux, afin de s'en servir dans d'autres usines, la chute s'est trouvée réduite au tiers ou au quart de ce qu'elle était, et comme l'ancien équipage n'a pas été changé, les résistances passives sont restées à-peu-près les mêmes.

Voici quels ont été les résultats obtenus avec la nouvelle roue, suivant les données qui m'ont été transmises par M. *de Gargan*, ingénieur des mines du département de la Moselle, qui les a recueillies sur les lieux pendant le travail même de la machine, en sorte qu'elles méritent une entière confiance. La hauteur de l'eau du réservoir, au-dessus du seuil, était de $0,84$; le pertuis avait $0^m,35$ de largeur sur $0^m,135$ de hauteur; l'eau sortait donc avec une vitesse de $3^m,89$, due à la chute de $0^m,77$ au-dessus du centre de l'orifice, et produisait ainsi théoriquement une dépense de $0^m,184$ ou 184 kilogrammes d'eau par seconde, qu'il convient de réduire à $0,67.184 = 123$ kil., à cause que la construction avait lieu sur le sommet et les côtés de l'orifice. D'ailleurs on doit supposer avec M. *Navier* (*Architecture hydraulique de* Bélidor, note dn, § 3) que la vitesse théorique $3,89$ se trouvait réduite à $0,89.3,89 = 3^m,46$ près la roue; la hauteur due à cette vitesse étant $0^m,61$, la quantité d'action possédée par l'eau à son entrée dans cette roue était ainsi 123 kil. $0,^m61 - 75$ kil. élevés à 1^m. par seconde. M. *de Gargan* ayant trouvé que le produit en farine était de 31 kil. par heure, ou de $0,0086$ kilog. par seconde, cela équivaut, suivant l'estimation de *Montgolfier* (voy. l'ouvrage cité note di), à une quantité d'action de $\frac{750000}{117}0,0086 = 55$ kil. à 1^m, en sorte que le rapport de la quantité d'action utilisée à celle qui est dépensée sur la roue, est $\frac{55}{75} = 0,73$, résultat qui confirme ceux qui ont été obtenus dans les expériences en petit du mémoire.

On remarquera d'ailleurs que la roue du moulin de Falck avait $4^m,05$ de diamètre extérieur et faisait dix tours par minute, ce qui suppose une vitesse de $2^m,12$ par seconde, égale aux $\frac{2,12}{3,46} = 0,61$ de celle possédée par l'eau : cette vitesse était donc un peu forte. Du reste, en comparant l'effet utilisé 55 à l'effet dépensé en vertu de la chute totale, qui était de $0^m,92$, tout compris, on trouve un rapport qui s'éloigne peu de $0,50$ et qui eût été plus avantageux encore, si l'on avait su tirer un meilleur parti de l'eau, en évitant les contractions et appropriant le mécanisme du nouveau moulin et les dimensions des meules à la petitesse de la force disponible.

Roue hydraulique verticale à aubes courbes, mue par dessous,
par M.° Poncelet, Capitaine au Corps royal du Génie.

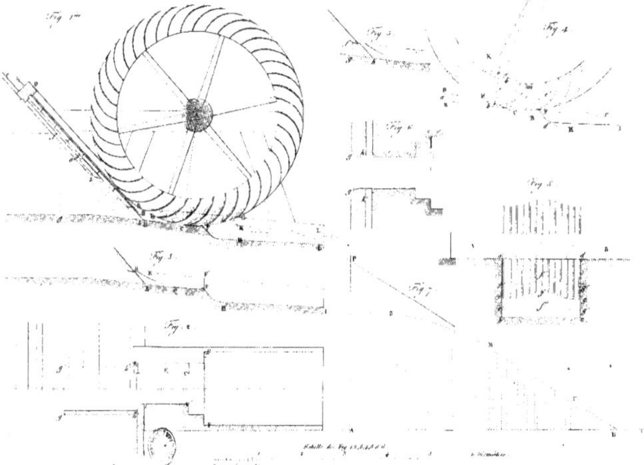

Fig. 1.re

Fig. 2.

Fig. 3.

Fig. 4.

Fig. 5.

Fig. 6.

Fig. 7.

Fig. 8.

Échelle des Fig. 1, 2, 3, 4, 5 et 6.

Poncelet del.t